U0352657

浙江省中等职业教育示范校建设课程改革创新教材

数控车床编程实训

郝好敏　主　编

邵晓兵　蔡德华

李　钊　李双彤　副主编

叶卸华　谢　岷　参　编

科学出版社

北　京

内 容 简 介

　　本书是根据中等职业学校现状并参照相关的国家职业标准和行业职业技能鉴定规范及初、中级技术工人等级考核标准编写的。本书主要内容有数控车床简介和车削准备，结合学生的兴趣爱好，自主设计了生活中常见的零件加工，其中包括了轴类、孔类、成型面类、螺纹类及综合件的加工。各项目以"任务"为导向，引导学生在"做中学，学中做"，理论紧密结合实践。

　　本书可作为中等职业学校数控技术应用专业及相关专业的教学用书（主要针对华中数控系统），也可作为有关行业的岗位培训教材。

图书在版编目（CIP）数据

数控车床编程实训/郝好敏主编. —北京：科学出版社，2018
（浙江省中等职业教育示范校建设课程改革创新教材）
ISBN 978-7-03-056513-6

Ⅰ. ①数… Ⅱ. ①郝… Ⅲ. ①数控机床-车床-程序设计-中等专业学校-教材 Ⅳ. ①TG519.1

中国版本图书馆 CIP 数据核字（2018）第 021497 号

责任编辑：韩　东　王会明 / 责任校对：刘玉靖
责任印制：吕春珉 / 封面设计：东方人华平面设计部

科学出版社 出版
北京东黄城根北街 16 号
邮政编码：100717
http://www.sciencep.com
新科印刷有限公司 印刷
科学出版社发行　　各地新华书店经销
*

2018 年 2 月第 一 版　　开本：787×1092　1/16
2018 年 2 月第一次印刷　　印张：7 1/4
字数：168 000
定价：**26.00 元**
（如有印装质量问题，我社负责调换〈新科〉）

销售部电话 010-62136230　编辑部电话 010-62135397-2008

版权所有，侵权必究
举报电话：010-64030229；010-64034315；13501151303

浙江省中等职业教育示范校建设课程
改革创新教材编委会

主 任

　　黄锡洪

副主任

　　周洪亮　　周柏洪　　朱寿清　　谢光奇　　邵晓兵　　余悉英

成 员

　　龚海云　　闫　肃　　王立彪　　叶光明　　张红梁　　吴笑航

　　钟　航　　蔡德华　　郝好敏　　李双彤　　潘卫东　　黄利建

　　金晓峰　　姜静涛　　叶晓春　　傅　欢　　蒋水生　　章佳飞

　　许雪佳　　阎海平　　李　钊　　谢　岷　　朱必均　　金高飞

前　言

本书是浙江省兰溪市中等职业教育数控技术应用专业课程改革成果教材，是在学校丛书编委会指导下，依据中等职业学校、技工学校数控技术应用领域技能型紧缺人才培养指导方案和国家颁布的数控技术应用专业的教学大纲编写的，符合核心教学与训练项目的基本要求和中级数控机床操作人员职业技能鉴定规范的基本要求。

本书坚持以就业为导向，采用项目教学法，充分体现了"教、学、做"合一的职教办学特色，并结合数控机床操作工职业资格考核标准进行实训操作的强化训练，注重提高学生的实践能力和岗位就业竞争力。

本书以数控车床编程与操作实例为导向，突出了目前的国产主流数控操作系统，包含华中系统的常用指令、综合应用以及各种编程技巧的使用。本书注重实际应用，精选了学生有兴趣、贴近生活的应用实例，且均已在数控车床上加以验证。学习者通过本书能够快速掌握关键技术，从而能举一反三，规范练习，熟能生巧，迅速掌握数控车床的加工技术。

本书由具有多年教学和生产经验的教师及技术人员编写，具体编写分工如下：项目一由郝好敏、蔡德华编写，项目二由郝好敏、李钊编写，项目三由郝好敏编写，项目四由郝好敏、谢岷编写，项目五由李钊、李双彤编写，项目六由叶卸华、邵晓兵编写。建议教学总时数为 90～120 学时，分配建议如下（可根据教学实际灵活安排）。

项目	内容	学时分配
项目一	初识数控车床	6
项目二	数控车床基础操作	9
项目三	数控车床综合实训	30
项目四	自动编程	12
项目五	操作练习	48
项目六	数控车工理论试题与参考答案	6
机动		6
总计		117

由于编者水平有限，书中难免存在不足之处，恳请广大读者批评指正。

目　　录

数控车床编程实训

项目一

初识数控车床

项目目标

❖ 能识别数控车床的类型，知道其结构及组成。
❖ 掌握数控车床的基本操作。

项目简介

本项目主要介绍数控车床的型号及其含义，数控车床的结构及数控车床的基本操作。

任务一　熟悉数控车床结构

任务目标▶

❖ 了解数控车床的型号，知道其中的含义。
❖ 寻找各种数控车床的型号代码并进行解读。

任务描述▶

本任务以学生发现—思考—运用为主线，引导学生将理论知识点运用于实际生活中。

相关知识▶

1. 数控车床型号的含义说明

数控车床型号 CK6140A 中字母和数字的含义如下。
1）C——车床。
2）K——数控。
3）6——落地及卧式车床组。
4）1——卧式车床系。
5）40——最大加工工件回转直径的 1/10。
6）A——A 型。
CK6140A 表示最大加工工件回转直径为 400mm 的 A 型卧式数控车床。
思考：
大胆展开联想，思考数控车床首字母 C 的由来。
常见数控机床首字母如表 1.1 所示。

表 1.1　常见数控机床首字母

名称	铣床	刨床	磨床	钻床	镗床	锯床	齿轮	螺纹	其他
代号	X	B	M	Z	T	G	Y	S	Q
读音	铣	刨	磨	钻	镗	割	牙	丝	其

2. 认识数控车床

数控车床是一种高精度、高效率的自动化机床，如图 1.1 所示。它配备多工位刀塔或动力刀塔，具有广泛的加工工艺性能。

图 1.1　华中数控车床

任务实施▶

1）查阅相关资料，写出常见机床的代码。

2）找到实训车间里所有机床的型号，记录到表 1.2 中，然后通过查阅资料和交流学习，写出各种机床对应型号的含义。

表 1.2　记录表

序号	型号	含义
1		
2		
3		
4		
5		
6		
7		
8		
9		
10		
11		

3）近距离观察数控车床结构，并学习各组成部分的功能（表 1.3），填写出图 1.2 中所指数控车床各功能部件的名称。

表1.3　数控车床各组成部分及其功能

序号	名称	功能
1	数控装置	对加工程序进行编译、运算和逻辑处理，从而驱动伺服系统，控制车床动作
2	回转刀架	用于安装车刀并带动车刀做纵向、横向或斜向运动
3	卡盘	用来夹持工件，常用的有自定心卡盘和单动卡盘
4	尾座	用来安装后顶尖、钻头、铰刀等工具
5	安全防护门	主要起安全防护作用，门上有窥视孔
6	车床主体	支撑和连接车床各部件，保证各部件在工作时有准确的位置关系

图1.2　卧式数控车床各功能部件

交流讨论▶

小组相互交流讨论，对比表1.2中记录型号的总数，找到记录的不同和相同的型号。

任务小结▶

1）寻找机床型号的过程中遇到的最大问题是什么？简单回顾说明。

2）通过合作、交流讨论，你是否完成了任务？有收获吗？

任务二 熟悉华中数控车床的基本操作

任务目标 ▶

- ❖ 会启动和关闭车床。
- ❖ 会操作主轴正转、反转和停止。
- ❖ 会通过手动和手摇操作使机床在 X、Z 向移动。
- ❖ 会换刀操作。

任务描述 ▶

本任务以学生自学与操作为主线，引导学生自主学习数控车床的基本操作。

相关知识 ▶

1. 启动车床

启动车床的步骤如图 1.3 所示。

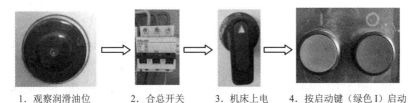

1. 观察润滑油位　　2. 合总开关　　3. 机床上电　　4. 按启动键（绿色Ⅰ）启动

图 1.3　启动车床的步骤

1）开启车床前，一看床头齿轮润滑油箱，保证油位在最低油位上方；二看床尾润滑油箱，保证油位在最低油位上方；三看液压油箱，保证液压油位满足要求及油箱无漏油，注油以后确保注油口密封好，并保持注油口清洁、不堵塞。

2）依次开启总开关及各分开关，使机床上电。开启车床，按启动按键，启动车床。

2. 关闭车床

关闭车床步骤如图 1.4 所示。与启动车床步骤相反，按顺序依次按 OFF 按钮，关闭车床系统电源，关车床电源，最后合总闸。

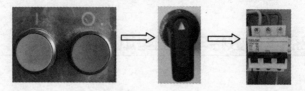

1. 按关闭键（红色 O）关闭系统　　　2. 车床关电　　　3. 关总电源

图 1.4　关闭车床步骤

3. 主轴正转、反转和停止

（1）方法一

正转：先找到合适的挡位，然后调整到 MDI 状态下，切换到录入界面，输入"M03 S400"，按下"循环启动"键，如图 1.5 所示。

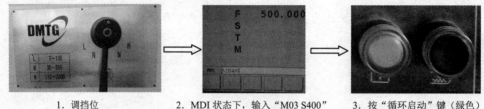

1. 调挡位　　　　2. MDI 状态下，输入"M03 S400"　　　3. 按"循环启动"键（绿色）

图 1.5　主轴正转操作流程图

反转：调整到 MDI 状态下，切换到录入界面，输入"M04 S400"，按下"循环启动"键。

停止：调整到 MDI 状态下，切换到录入界面，输入"M05"，按下"循环启动"键。

（2）方法二

直接按操作面板上的"正转""反转""停止"键。

提示：操作之前，先看屏幕上显示的默认转速是否合适，如不合适，请先录入。

4. 车床的 X、Z 向移动

手动操作流程如图 1.6 所示。

1）按下车床操作面板上的"手动"键，屏幕左上角显示"手动"两字。

2）调整移动速度挡位，由慢到快分别为 F0、25%、50%、100%。

3）按下 X 或 Z 向移动方向键，车床会以相应速度在 X 或 Z 向移动。

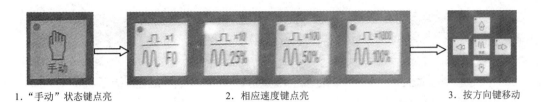

1. "手动"状态键点亮　　　　　　　　2. 相应速度键点亮　　　　　　3. 按方向键移动

图 1.6　车床的 X、Z 向移动手动操作流程图

手摇操作流程如图 1.7 所示。

1）按两次车床操作面板上的"增量"键，屏幕左上角显示"手摇"两字。

2）调整进给速度挡位，由慢到快分别为 0.001、0.01、0.1、1。

3）按下 X+ 或 Z+ 向移动方向键，方向键指示灯亮起。

4）顺时针（正向）或逆时针（负向）旋转手轮，车床刀架会以相应速度在 X 或 Z 向移动。

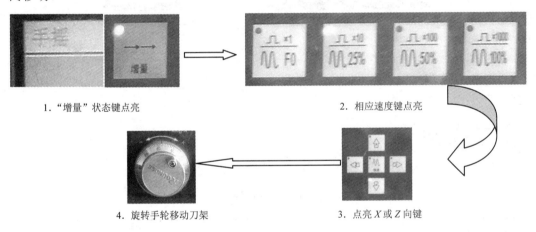

1. "增量"状态键点亮　　　　　　　　　　　　2. 相应速度键点亮

4. 旋转手轮移动刀架　　　　　　　3. 点亮 X 或 Z 向键

图 1.7　车床的 X、Z 向移动手摇操作流程图

5. 换刀操作

用指令实现换刀操作流程如图 1.8 所示，具体操作如下。

调整到 MDI 状态下，切换到录入界面，输入"T0101"，按"循环启动"键，完成 1 号刀换刀操作。

换刀指令如下。

1 号刀：T0101。2 号刀：T0202。3 号刀：T0303。4 号刀：T0404。

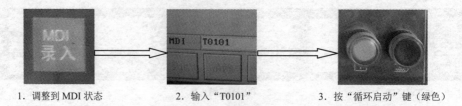

1. 调整到 MDI 状态　　　2. 输入"T0101"　　　3. 按"循环启动"键（绿色）

图1.8　用指令实现换刀操作流程

手动换刀操作流程如图1.9所示，具体操作如下。

在"手动"或"增量"状态下，直接按操作面板上的"手动换刀"键。

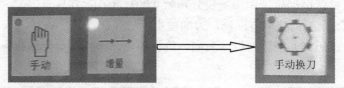

1. 调整到"手动"或"增量"状态下　　　2. 按"手动换刀"键

图1.9　手动换刀操作流程

提示：手动换刀操作，只能按顺序换刀，如当前是1号刀，按"手动换刀"键，换到2号刀。

任务实施▶

1）练习启动与关闭车床操作，并将具体情况记录在表1.4中。

表1.4　记录表

任务	记录
完成操作的时间/min	
床头箱齿轮润滑油位	
简单描述启动车床的步骤	

2）分别使主轴正转200r、800r、1500r，并将其中一种操作步骤记录在表1.5中。

表1.5　记录表

转速	步骤

3）练习手动移动刀架操作，并把手动操作完成情况记录在表1.6中。

表1.6　记录表

手动 X、Z 向移动	是否完成
F0	
25%	
50%	
100%	

4）练习手摇移动刀架操作，并把手摇操作完成情况记录在表1.7中。

表1.7　记录表

手摇 X、Z 向移动	是否完成
0.001mm	
0.01mm	
0.1mm	
1mm	

5）练习换刀操作，并把换刀操作的完成情况记录在表1.8中。

表1.8　记录表

按顺序换刀	是否完成
T0101	
T0202	
T0303	
T0404	

交流讨论▶

头脑风暴法：小组相互交流讨论，记录问题。

任务小结 ▶

1）操作过程中，应该注意哪些安全问题？

2）操作过程中遇到的最大问题是什么？简单回顾说明。

3）通过合作、交流讨论，你是否完成了练习？有收获吗？

02

项目二

数控车床基础操作

项目目标

❖ 熟练掌握数控车床的基本操作。
❖ 掌握规范保养数控车床的方法。
❖ 认识华中数控车床操作面板。
❖ 会设置编程原点,知道其作用。

项目简介

本项目主要带领学生进一步认识数控车床,熟悉数控车床各项基本操作,如快进、工进、正转、反转、停止等,目标是使同学们能独立完成数控车床编程原点的设置。

通过本项目的练习,学生应能够了解数控车床各项基本操作在实际加工中的具体运用,如:

1)了解数控车床什么时候应该快进。

2)了解数控车床什么时候应该工进。

3)了解如何进行数控车床日常保养。

4)知道编程原点的作用。

任务一　熟悉手动加工

任务目标▶

- ❖ 能够用 X、Z 向的手摇或手动方式加工出简单零件。
- ❖ 熟练掌握 X、Z 向的快进和工进，防止以后误操作造成零件报废或事故发生。
- ❖ 了解数控车床操作面板。
- ❖ 能按规范保养数控车床。

任务描述▶

本任务以完成简单零件加工为依托，让学生通过自主实践，达到熟练进行"手摇"与"手动"操作的目的，为学生操作零失误打基础。

通过"手摇"方式加工出图 2.1 所示零件。

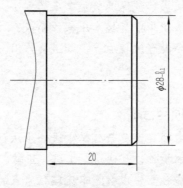

图 2.1　零件图

相关知识▶

1. 数控车床操作面板

近距离观察数控车床的操作面板（图 2.2），各组成部分及功能如表 2.1 所示。

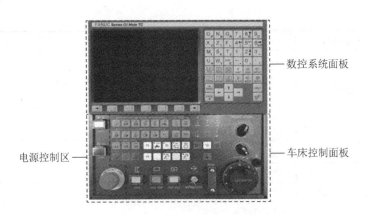

图 2.2　数控车床操作面板各部位

表 2.1　数控车床操作面板部位及功能

序号	部位名称	功能
1	电源控制区	主要用于车床数控系统的电源开启与关闭
2	数控系统面板	主要在程序编辑与调试、对刀参数输入、车床当前加工状态的实时监控、车床维修参数修改等过程中实现人机对话
3	车床控制面板	主要用于操作数控车床,包括操作模式选择、主轴选择与刀架移动操作、主轴倍率与刀架移动速率调节等

2. 数控车床的维护保养

为保持数控车床的清洁、整齐,设备润滑良好,安全可靠、正常运行,应重视设备的维护保养工作。数控车床日常保养标准指导书如表 2.2 所示。

表 2.2　数控车床日常保养标准指导书

类型	维护内容	作业要求	维护频次
日常保养	外观保养	擦净车床表面,操作完成后,及时做好自定心卡盘、刀架等部件的防锈工作	每天 1 次
		清除 X、Z 轴导轨面的切屑和脏污,检查导轨面有无划伤坏现象	每天 1 次
		用毛巾或干棉纱擦拭操作面板、显示器等部位	每天 1 次
	主轴部分	检查主轴是否运转,有无异常振动或噪声现象	每天 1 次
		检查导轨润滑油泵是否正常工作,按要求及时添加润滑油	每天 1 次
		检查主轴油量是否充足,润滑油温度范围是否合适	每天 1 次
	尾座部分	移动尾座,清理底面、导轨	每周 1 次
		取下顶尖,清理套筒	每周 1 次
	电气部分	检查电气柜冷却风扇运行是否正常	每天 1 次
		清洁机床电气箱处热交换器过滤网	每周 1 次

续表

类型	维护内容	作业要求	维护频次
日常保养	其他部分	液压系统无漏油、发热现象	每周1次
		检查切削液系统工作是否正常，及时添加或更换切削液	不定期
		清理车床周围环境，保持清洁	每天1次
		认真填写设备使用记录	每天1次
定期保养	外观部分	清除各部位切屑、油垢，做到无死角，保持内外清洁，无锈蚀、无黄斑	每周1次
	液压及切削油箱	清洗滤油器	每周1次
		油管畅通、油窗明亮	每周1次
		液压站无油垢、灰尘	每周1次
	车床本体	检查主轴支撑轴承预紧力，主轴运作无窜动或噪声	每年1次
		按说明书要求检查、调整主轴驱动传动带松紧程度	每年2次
		按说明书要求检查、调整各轴导轨上镶条、压紧滚轮的松紧状态	每年2次
	润滑部分	各润滑油管畅通无阻	每周1次
		对各润滑点加油，并检查油箱内有无沉淀物	每周1次
		试验自动加油器的可靠性	每周1次
		检查滤油器是否干净，若较脏，应及时清洗	每周1次
	电气部分	检查电刷磨损情况，决定是否更换	每年1次
		检查、清理热交换器	每年1次
		擦拭电器箱，内外清洁，无油垢、无灰尘	每周1次
		各接触点良好，不漏电	每周1次
		各开关按钮动作灵敏、可靠	每周1次

任务实施 ▶

1. 识图与准备

1）一次装夹可以完成所有外形加工，请问毛胚伸出卡盘的长度至少多长？为什么？伸出过长过短有什么影响？请将答案写在表2.3中。

表2.3　毛胚伸长问答表

问	答
至少伸出多长	
伸出过长过短有何影响	

2）我们需要完成的尺寸有哪些？请填写在表2.4中。

表 2.4　毛胚尺寸问答表

内容	举例
直径尺寸	
长度尺寸	

2. 分析引导

1）加工此零件需要几把刀具？分别是什么刀具？具体加工内容是什么？

2）此零件加工精度是多少？可选用什么量具？

3. 实践

1）按图 2.1 要求完成零件加工，并记录用时多久完成任务。

2）请写出粗、精加工过程中各转速和进给参数，思考是否合理。

交流讨论▶

通过交流讨论，以小组为单位进行自检、互检，并记录在表 2.5 中。

表 2.5　图 2.1 毛胚加工自检、互检表

内容	自检结果	互检结果	是否合格
直径 $\phi28_{-0.1}^{0}$			
长度 20			
时间			

任务小结▶

1）加工过程中有没有遇到问题？简单说明。

2）通过练习，你是否完成了任务？有收获吗？

任务二　熟悉录入与校验程序

任务目标 ▶

❖ 熟悉数控车床面板。

❖ 能够快速、正确地录入程序。

❖ 录入完成后，能校验程序的正确性。

任务描述 ▶

本任务是为后续自动加工做准备的，提醒同学们在录入程序过程中要有足够的耐心和饱满的精神，认真细致地审查录入的程序。

相关知识 ▶

1. 录入程序

1）按"程序"键，再按对应软键"新建"，进入准备编辑程序界面，如图 2.3 所示。

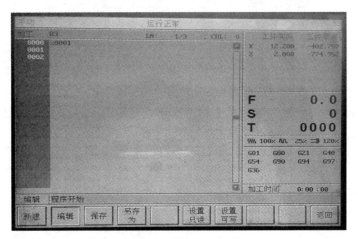

图 2.3　准备编辑程序界面

2）输入程序名"01"，按"确认"键。

3）进入程序编辑界面，利用工作面板输入参考程序"O0001"，如图 2.4 所示。

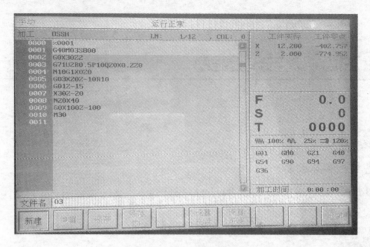

图 2.4　输入参考程序

4）输入完成后，再次检查程序是否输入完整且无误，是否有遗漏。

2. 校验程序

1）程序录入完成后，调整到"自动"状态。

2）按"空运行""MST锁住""机床锁住"键（图 2.5），确认指示灯为点亮状态。

图 2.5　"空运行"等按键

3）再次检查程序是否是准备校验的程序。

4）按面板上的"设置"键，再按对应软键"毛坯"，设置合适的毛坯直径和长度，如图 2.6 所示。

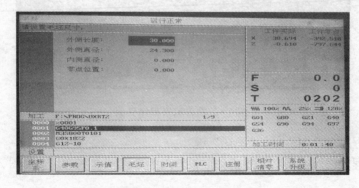

图 2.6　按"毛坯"软键

5）按"循环启动"键，生成刀具运动轨迹，如图2.7所示。

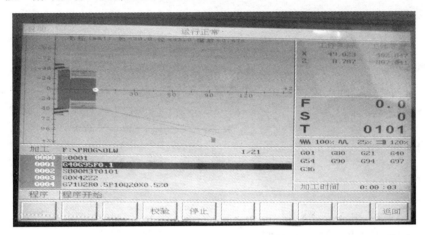

图2.7　生成刀具运动轨迹

6）观察刀具运动轨迹是否正确。

提示：

1）程序名要便于记忆。

2）校验刀轨程序，只能校正程序中指令轨迹是否正确。

任务实施▶

1）根据给出的参考程序，完成程序的录入与校验，并在表2.6中画出刀具轨迹图。

表2.6　参考程序刀具轨迹图

参考程序	画出刀具轨迹图
O0003 G40 G95 F0.2 G0 X32 Z2 X0 Z0 X28 C2 Z-20 G0 X32 X100 Z100 M30	

2）记录用时多久完成本任务。

交流讨论▶

以小组为单位，通过交流讨论，思考下面两个问题。

1）校验是否正确？

2）如程序不完整，请补充说明。

任务小结▶

1）录入与校验过程中有没有遇到问题？请简单说明。

2）通过思考，你能得出什么结论？程序校验合格，说明程序一定正确吗？请简单说明。

任务三　设置编程原点和对刀

任务目标▶

❖　了解编程原点的作用。

❖　知道通常编程原点在零件的哪个位置。

❖　能够快速设置编程原点。

任务描述▶

本任务以学生操作为主线，让学生运用之前所学操作，快速正确地设置编程原点。

相关知识▶

对车床而言，编程原点一般选在工件轴线与工件的端面、后端面、卡爪前端面的交点上，如图 2.8 所示。

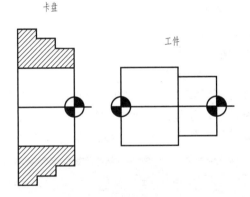

图 2.8　编程原点

对刀操作是在数控车床上设定编程原点的过程。下面以对 1 号刀为例，说明对刀的操作步骤。

（1）Z 向对刀

1）调整到 1 号刀位，装刀。

2）启动主轴正转，转速自定。

3）"手摇"状态键点亮。

4）快速靠近工件，车削端面。

5）在 X 向不动，在 Z+向移动，按"刀补"键调出"刀补"界面，如图 2.9 所示。

6）将光标移到"试切长度"位置，输入"0"，然后按 Enter 键，如图 2.9 所示。

手动			运行正常			
刀偏号	X偏置	Z偏置	X磨损	Z磨损	试切直径	试切长度
#0001	-402.758	-817.779	0.000	0.000	28.800	0.000
#0002	-392.518	-797.645	0.000	0.000	30.540	0.000
#0003	-429.588	-832.865	0.000	0.000	19.100	0.000
#0004	-415.908	-791.975	-0.450	0.000	30.430	0.000
#0005	0.000	0.000	0.000	0.000	0.000	0.000
#0006	0.000	0.000	0.000	0.000	0.000	0.000
#0007	0.000	0.000	0.000	0.000	0.000	0.000
#0008	0.000	0.000	0.000	0.000	0.000	0.000
#0009	0.000	0.000	0.000	0.000	0.000	0.000
#0010	0.000	0.000	0.000	0.000	0.000	0.000

	机床实际	相对实际	工件实际	工件零点	G01	G80	G21	G40
X	-390.557	-390.557	12.200	-402.757	G54	G90	G94	G97
Z	-772.951	-772.951	2.000	-774.952	G36			

加工时间　0:00:00

刀偏表

| 刀偏 | 刀补 | | | 刀架平移 | 清零 | | | | |

图 2.9　输入"试切长度"

（2）X向对刀

1）调整到 1 号刀位，装刀。

2）启动主轴正转，转速自定。

3）"手摇"状态键点亮。

4）快速靠近工件，车 3～5mm 外圆。

5）在 Z 向不动，在 X+向移动，按"刀补"键调出"刀补"界面。

6）主轴停止，测量尺寸，如数值为"29.35"。

7）光标移到"试切直径"位置，输入"29.35"，然后按 Enter 键，如图 2.10 所示。

手动			运行正常			
刀偏号	X偏置	Z偏置	X磨损	Z磨损	试切直径	试切长度
#0001	-402.758	-817.779	0.000	0.000	29.35	0.000
#0002	-392.518	-797.645	0.000	0.000	30.540	0.000
#0003	-429.588	-832.865	0.000	0.000	19.100	0.000
#0004	-415.908	-791.975	-0.450	0.000	30.430	0.000
#0005	0.000	0.000	0.000	0.000	0.000	0.000
#0006	0.000	0.000	0.000	0.000	0.000	0.000
#0007	0.000	0.000	0.000	0.000	0.000	0.000
#0008	0.000	0.000	0.000	0.000	0.000	0.000
#0009	0.000	0.000	0.000	0.000	0.000	0.000
#0010	0.000	0.000	0.000	0.000	0.000	0.000

	机床实际	相对实际	工件实际	工件零点	G01	G80	G21	G40
X	-390.557	-390.557	12.200	-402.757	G54	G90	G94	G97
Z	-772.951	-772.951	2.000	-774.952	G36			

加工时间　0:00:00

刀偏表

| 刀偏 | 刀补 | | | 刀架平移 | 清零 | | | | |

图 2.10　输入"29.35"

至此，1号刀对刀完成。

提示：

X向对刀时，Z向不能移动。

Z向对刀时，X向不能移动。

任务实施▶

录入"O0001"程序，循环启动，验证起刀点是否正确。

```
O0001
G40 G95 F0.2
M03 S400 T0101
G0 X32 Z0
M30
```

交流讨论▶

通过交流讨论，以小组为单位进行自检、互检，并记录在表2.7中。

表2.7　设置编程原点和对刀自检、互检表

内容	自检结果	互检结果	对刀是否正确
T0101（外圆刀）			
T0202（切槽刀）			

任务小结▶

1）对刀过程中有没有遇到问题？简单说明。

2）通过练习，你是否完成了任务？有收获吗？

项目三

数控车床综合实训

项目目标

❖ 熟悉各种零件加工工艺。

❖ 掌握华中数控车床的常用指令，如 G71、G73、G82 等指令。

❖ 熟练运用指令，加工出轴孔类、圆弧类、槽类和螺纹类等各种典型零件。

❖ 在加工实践中，养成良好的职业素养。

项目简介

本项目主要让学生掌握各种典型零件的加工方法，如轴套类、槽类、成型面类和螺纹类等。

完成任务过程中，要求学生以合作学习完成任务为主，同时培养学生的自学能力，树立安全意识。

任务一　轴孔加工

任务目标▶

❖　知道轴套类零件加工工艺，会选用合适刀具及确定合理切削用量。

❖　掌握轴套类零件加工的基本编程指令：G00、G01、G71。

❖　能够加工出合格的零件。

任务描述▶

本任务以完成图 3.1 所示轴孔零件加工为依托，让学生通过自主实践，合作交流，最后加工出符合图样要求的零件。

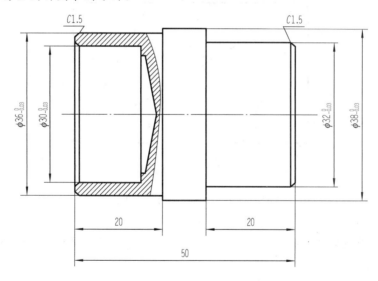

图 3.1　阶梯轴的加工

加工过程中掌握轴类相关编程指令，如 G00、G01、G71，同时会运用倒角指令技巧。

相关知识 ▶

1. 刀具快速点定位指令——G00

（1）指令格式

```
G00 X(U)_ Z(W)_
```

其中：X、Z 为目标点的绝对坐标，又称刀具运动的终点；

U、W 为目标点相对刀具移动起点的增量坐标。

（2）应用

G00 指令主要应用于加工前准备，让刀具快速靠近或快速离开零件。

（3）说明

1）G00 指令刀具移动的速度由机床系统参数设定，无须在程序段中指定。

2）G00 指令刀具的移动轨迹因系统不同而有所不同，如图 3.2 所示。

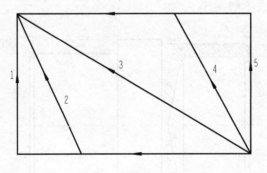

图 3.2　G00 轨迹模式

3）G00 指令可由 G01、G02、G03 或 G32 功能注销。

（4）编程提示

车削时，快速定位目标点不能选在零件上，一般要距零件表面 1~5mm。

2. 直线插补指令——G01

（1）指令格式

```
G01 X(U)_ Z(W)_ C(R)_ F_;
```

其中：X、Z 为目标点的绝对坐标；

U、W 为目标点的相对直线起点的增量坐标；

C(R)为倒角终点相对于相邻两直线的交点的距离（或圆弧终点的距离）；

F 为指定刀具在切削路径上的进给量，按 F 规定的合成进给速度确定。

（2）应用

G01 指令主要用于加工由直线段组成的轨迹，如端面、外圆、内圆、槽、倒角、圆锥面等表面。

（3）说明

G01 指令可由 G00、G02、G03 或 G32 功能注销。

3. G71 指令——内（外）径粗车复合循环

指令格式如下。

```
G71 U(Δd) R(r) P(ns) Q(nf) X(Δx) Z(Δz) F(f) S(s) T(t)
```

其中：Δd 为切削深度（每次切削量），指定时不加符号；

　　　r 为每次退刀量；

　　　ns 为精加工路径第一程序段的顺序号；

　　　nf 为精加工路径最后程序段的顺序号；

　　　Δx 为 X 方向的精加工余量；

　　　Δz 为 Z 方向的精加工余量；

　　　f，s，t，在粗加工时 G71 指令中的 F、S、T 有效，精加工时处于 ns～nf 程序段之间的 F、S、T 有效。

该指令执行完成后，刀具回到循环起点，指令轨迹如图 3.3 所示。

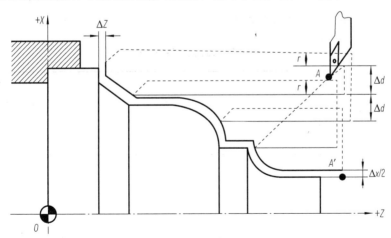

图 3.3　G71 指令轨迹

任务实施 ▶

1）请完成工艺步骤并填入表 3.1。

表 3.1　轴孔加工工艺表

	工艺步骤	备注
1		
2		
3		
4		
5		

2）请完成刀具和切削用量准备方案，并填入表 3.2。

表 3.2　轴孔加工切削参数表

刀具号	刀具名称	加工表面	转速	进给量
1				
2				
3				
4				
5				

3）请完成程序编制，并填入表 3.3。

表 3.3　轴孔加工程序表

右端外圆程序	
左端外圆程序	
左端内孔程序	

交流讨论 ▶

请按组交流讨论，通过自检、互检的方式完成表 3.4 的填写。

表 3.4 轴孔加工自检、互检表

内容		自检结果	互检结果	是否合格
直径	$\phi 38 _{-0.03}^{0}$			
	$\phi 32 _{-0.03}^{0}$			
	$\phi 30 _{-0.03}^{0}$			
	$\phi 36 _{-0.03}^{0}$			
长度	20			
	20			
	50			
倒角	$C1.5$			

任务小结 ▶

1）加工过程中有没有遇到问题？请简单说明。

2）通过练习，你是否完成了任务？有收获吗？

附：本任务参考程序如表 3.5 所示。

表 3.5 轴孔加工参考程序

右端外圆程序	O0001; T0101 G00 X100 Z100 M03 S400 G01 X42 Z2 G71 U1.5 R1 P1 Q2 X0.2 Z0 N1 G00 X0 G01 Z0 F0.1 X32 C1.5 Z-20 X38 C0.5 Z-31 N2 X42 G00 X100 Z100 M05 M30 提示：其他表面请自行编程

任务二　子弹加工

任务目标▶

❖ 知道圆弧零件加工工艺，会选用合适刀具及确定合理切削用量。

❖ 掌握圆弧类零件加工的基本编程指令：G02、G03。

❖ 能够加工出合格的零件。

任务描述▶

本任务以完成学生较感兴趣的子弹零件加工为依托，让学生通过自主实践，达到熟练应用圆弧指令的目的。

按要求完成图 3.4 所示子弹零件的加工。

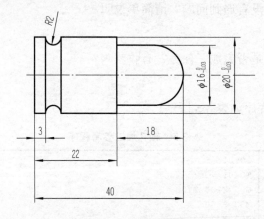

图 3.4　子弹零件图

相关知识▶

圆弧插补指令——G02/G03

（1）指令格式

格式一：

用圆弧半径 R 指定圆心位置，即

```
G02  X(U)_ Z(W)_ R_ F_;
G03  X(U)_ Z(W)_ R_ F_;
```

格式二：

用 I、K 指定圆心位置，即

```
G02 X(U)_ Z(W)_ I_ K_ F_;
G03 X(U)_ Z(W)_ I_ K_ F_;
```

其中：X、Z 为圆弧终点的绝对坐标，直径编程时 X 为实际坐标值的 2 倍；

　　　U、W 为圆弧终点相对于圆弧起点的增量坐标；

　　　R 为圆弧半径；

　　　F 为进给量。

（2）应用

G02/G03 指令主要应用于带圆弧零件的加工，执行圆弧插补运动。

（3）说明

1）R 是圆弧半径，当圆弧所对应的圆心角小于等于 180° 时，R 取正值；当圆弧所对应的圆心角大于 180° 时，R 取负值。

2）无论是用绝对编程还是用增量编程，I、K 都为圆心在 X、Z 轴方向相对圆弧起始点的坐标增量，I 是半径值。当程序段中间同时出现 I、K 和 R 时，以 R 为优先，I、K 无效。

（4）编程提示

判断圆弧方向前，先确定是前置刀架还是后置刀架。

任务实施 ▶

1）请完成工艺步骤，并填入表 3.6。

表 3.6　子弹加工工艺表

	工艺步骤	备注
1		
2		
3		
4		
5		

2）请完成刀具和切削用量准备方案，并填入表 3.7。

表 3.7　子弹加工切削参数表

刀具号	刀具名称	加工表面	转速	进给量
1				
2				

续表

刀具号	刀具名称	加工表面	转速	进给量
3				
4				
5				

3）请完成程序编制，并填入表3.8。

表3.8 子弹加工程序表

子弹程序	

交流讨论▶

请按组交流讨论，通过自检、互检的方式，完成表3.9的填写。

表3.9 子弹加工自检、互检表

内容		自检结果	互检结果	是否合格
直径	$\phi20_{-0.03}^{0}$			
	$\phi16_{-0.03}^{0}$			
长度	40			
	18			
	22			
	3			
	圆弧 $R2$			

任务小结 ▶

1）加工过程中有没有遇到问题？简单说明。

2）通过练习，你是否完成了任务？有收获吗？

附：本任务参考程序如表 3.10 所示。

表 3.10　子弹加工参考程序

子弹参考程序	O0001; T0101 G00 X100 Z100 M03 S400 G01 X42 Z2 G71 U3 R1 P1 Q2 X0.2 Z0 N1 G00 X0 G01 Z0 F0.1 G03 X16 Z-8 R8 Z-16 X20 Z-44 N2 X42 G00 X100 Z100 M05 M30 提示：对 *R*2 圆弧加工，请自行编程

任务三 迷你哑铃加工

任务目标▶

❖ 知道槽类零件加工工艺，会选用合适刀具及确定合理切削用量。

❖ 掌握圆弧类零件加工的基本编程指令：G75。

❖ 能够加工出合格的零件。

任务描述▶

本任务以生活中常见零件为依托，通过迷你哑铃的加工，让学生自主掌握槽类零件的加工工艺知识。

按要求完成图 3.5 所示迷你哑铃零件的加工。

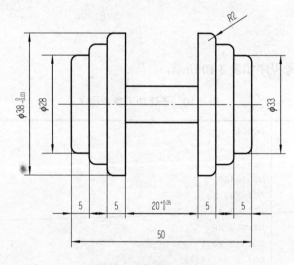

图 3.5 迷你哑铃零件图

相关知识▶

外径切槽循环指令——G75

指令格式：

```
G75 X (U)_ R(e)_ Q(Δk)_ F_;
```

其中：X 在绝对值编程时，为槽底终点在工件坐标系下的坐标；在增量值编程时，为槽底终点相对于循环起点的有向距离，图中用 U 表示。

　　e 为每次退刀量。

　　Δk 为每次进刀的深度，只能为正值。

　　F 为进给速度。

　　G75 刀具轨迹如图 3.6 所示。

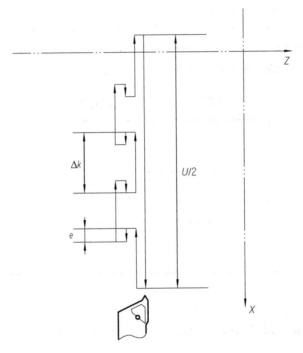

图 3.6　G75 刀具轨迹

任务实施▶

1）请完成工艺步骤，并填入表 3.11。

表 3.11　迷你哑铃加工工艺表

	工艺步骤	备注
1		
2		
3		
4		
5		

2）请完成刀具和切削用量准备方案，并填入表3.12。

表 3.12　迷你哑铃加工切削参数表

刀具号	刀具名称	加工表面	转速	进给量
1				
2				
3				
4				
5				

3）请完成程序编制，并填入表3.13。

表 3.13　迷你哑铃加工程序表

右端外圆程序	
切槽程序	
左端外圆和 切断程序	

交流讨论▶

请按组交流讨论，通过自检、互检的方式，完成表3.14的填写。

表 3.14　迷你哑铃加工自检、互检表

内容		自检结果	互检结果	是否合格
直径	$\phi38_{-0.03}^{0}$			
	$\phi33$			
	$\phi28$			
长度	50			
	$20_{0}^{+0.05}$			
	5			
	5			
	5			
	5			
圆弧 $R2$				

任务小结 ▶

1）加工过程中有没有遇到问题？请简单说明。

2）通过练习，你是否完成了任务？有收获吗？

附：本任务参考程序如表3.15所示。

表3.15　迷你哑铃加工参考程序

切槽程序	O0001; T0303 G00 X100 Z100 M03 S400 G01 X42 Z-19 G75 X10 Z-39 R1 Q3 I3 F0.1 G0 X42 G00 X100 Z100 M05 M30

任务四　三潭印月零件加工

❖　知道成型面类零件加工工艺，会选用合适刀具及确定合理的切削用量。
❖　掌握圆弧类零件加工的基本编程指令：G71、G73。
❖　能够加工出合格的零件。

任务描述 ▶

本任务是以完成三潭印月零件的加工为依托，让学生自主操作，掌握 G71 和 G73 指令，并分析出两种指令的区别和应用场合。

按要求完成图 3.7 所示三潭印月零件的加工。

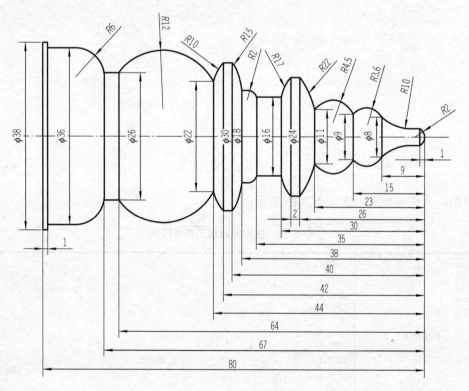

图 3.7　三潭印月零件

相关知识 ▶

1. 有凹槽内（外）径粗车复合循环指令——G71

指令格式：

    G71 U(Δd) R(r) P(ns) Q(nf) E(e) F(f) S(s) T(t)

该指令执行完成后，刀具回到循环起点。

其中：Δd 为切削深度（每次切削量），指定时不加符号；

    r 为每次退刀量；

    ns 为精加工路径第一程序段的顺序号；

    nf 为精加工路径最后程序段的顺序号；

    e 为精加工余量，其为 X 方向的等高距离，外径切削时为正，内径切削时为负；

    f，s，t，在粗加工时 G71 中的 F、S、T 有效，精加工时处于 ns～nf 程序段之间的 F、S、T 有效。

G71 刀具轨迹如图 3.8 所示。

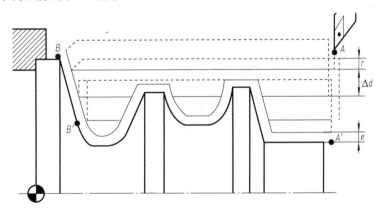

图 3.8　G71 刀具轨迹

2. 闭环车削复合循环指令——G73

指令格式：

    G73 U(ΔI) W(Δk) R(r) P(ns) Q(nf) E(e) F(f) S(s) T(t)

其中：ΔI 为 X 轴方向的粗加工总余量；

    Δk 为 Z 轴方向的粗加工总余量；

    r 为粗切削次数；

    ns 为精加工路径第一程序段的顺序号；

nf 为精加工路径最后程序段的顺序号；

f、s、t 在粗加工时 G73 中的 F、S、T 有效，精加工时处于 ns～nf 程序段之间的 F、S、T 有效。

该指令执行完成后，刀具回到循环起点。该指令在切削工件时刀具轨迹为封闭回路，刀具逐渐进给，使封闭切削回路逐渐向零件最终形状靠近，最终切削成工件的形状。这种指令能对铸造、锻造等粗加工中已初步成型的工件进行高效率切削。

G73 刀具轨迹如图 3.9 所示。

注意：1）ΔI 和 Δk 表示粗加工时总的切削量，粗加工次数为 r，则每次 X、Z 方向的切削量为 $\Delta I/r$ 和 $\Delta k/r$。

2）按 G73 程序段中的 P 和 Q 指令值实现循环加工，要注意 ΔI 和 Δk 的正负号。

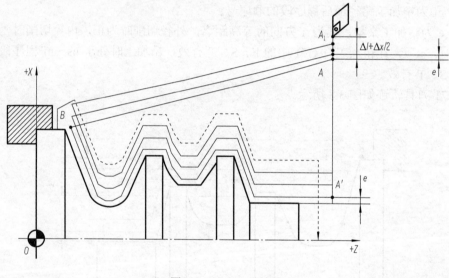

图 3.9　G73 刀具轨迹

任务实施 ▶

1）请完成工艺步骤，并填入表 3.16。

表 3.16　三潭印月零件加工工艺表

	工艺步骤	备注
1		
2		
3		
4		
5		

2）请完成刀具和切削用量准备方案，并填入表 3.17。

表 3.17 三潭印月零件加工切削参数表

刀具号	刀具名称	加工表面	转速	进给量
1				
2				
3				
4				
5				

3）请完成程序编制，并填入表 3.18。

表 3.18 三潭印月零件加工程序表

三潭印月程序	

交流讨论 ▶

请按组交流讨论，通过自检、互检的方式，完成表 3.19 的填写。

表 3.19 三潭印月零件加工自检、互检表

内容		自检结果	互检结果	是否合格
直径	$\phi 38$			
	$\phi 36$			
	$\phi 26$			
	$\phi 22$			
	$\phi 30$			
	$\phi 18$			
	$\phi 16$			
	$\phi 24$			
	$\phi 11$			
	$\phi 9$			
	$\phi 8$			

续表

内容		自检结果	互检结果	是否合格
长度	80			
	67			
	64			
	44			
	42			
	40			
	38			
	35			
	30			
	26			
	23			
	15			
	9			
	1			
	1			
圆弧	R2			
	R10			
	R3.6			
	R4.5			
	R22			
	R17			
	R2			
	R15			
	R10			
	R12			
	R6			

任务小结▶

1）加工过程中有没有遇到问题？请简单说明。

2）通过练习，你是否完成了任务？有收获吗？

附：本任务参考程序如表 3.20 所示。

表 3.20　三潭印月零件加工参考程序

三潭印月 G71 参考程序	O0001
	T0101
	G00 X100 Z100
	M03 S800
	G01 X42 Z2
	G71 U1.5 R1 P1 Q2 E0.2 F0.2
	N1 G00 X0
	G03 X4 Z-2 F0.1
	G02 X8 Z-9 R10
	G03 X9 Z-15 R3.6
	G03 X11 Z-23 R4.5
	G03 X24 Z-26 R22
	G01 Z-28
	G03 X16 Z-30 R17
	G01 Z-35
	G03 X18 Z-38 R2
	G03 X30 Z-40 R15
	G01 Z-42
	G03 X22 Z-44 R10
	G03 X26 Z-64 R12

三潭印月 G71 参考程序	G01 Z-67
	G03 X36 Z-73 R6
	G01 Z-79
	X38
	Z-84
	N2 G01 X42
	G00 X100 Z100
	M05
	M30
三潭印月 G73 参考程序	O0002;
	T0101
	G00 X100 Z100
	M03 S800
	G01 X42 Z2
	G73 U0.5 W0.5 R1 P1 Q2 E0.2 F0.2
	N1 G00 X0
	G03 X4 Z-2 F0.1
	G02 X8 Z-9 R10
	G03 X9 Z-15 R3.6
	G03 X11 Z-23 R4.5
	G03 X24 Z-26 R22
	G01 Z-28
	G03 X16 Z-30 R17
	G01 Z-35
	G03 X18 Z-38 R2
	G03 X30 Z-40 R15
	G01 Z-42
	G03 X22 Z-44 R10
	G03 X26 Z-64 R12
	G01 Z-67
	G03 X36 Z-73 R6
	G01 Z-79
	X38
	Z-84
	N2 G01 X42
	G00 X100 Z100
	M05
	M30

任务五　印章加工

任务目标▶

❖ 知道螺纹类零件加工工艺，会选用合适刀具及确定合理的切削用量。

❖ 掌握螺纹类零件加工的基本编程指令：G82。

❖ 能够加工出合格的零件。

任务描述▶

本任务以完成简单零件加工为依托，让学生通过自主实践，熟练掌握"手摇"与"手动"操作，为学生操作零失误打基础。

按要求完成图3.10所示印章零件的加工。

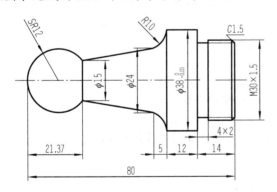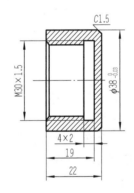

图3.10　印章零件

相关知识▶

直螺纹切削循环指令——G82

（1）指令格式

```
G82 X(U)_ Z(W)_ R_ E_ C_ P_ F/J_;
```

其中：X、Z在绝对值编程时，为螺纹终点 C 在工件坐标系下的坐标；在增量值编程时，为螺纹终点 C 相对于循环起点 A 的有向距离，用 U、W 表示，其符号由轨迹方向确定。

R、E 为螺纹切削的退尾量，R、E 均为向量，R 为 Z 向回退量；E 为 X 向回退量，R、E 可以省略，表示没有回退功能。

C 为螺纹头数，取 0 或 1 时切削单头螺纹。

P 在单头螺纹切削时，为主轴基准脉冲处距离切削起点的主轴转角；在多头螺纹切削时，为相邻螺纹头的切削起始点之间对应的主轴转角。

F 为螺纹导程。

J 为英制螺纹导程。

螺纹轨迹如图 3.11 所示。

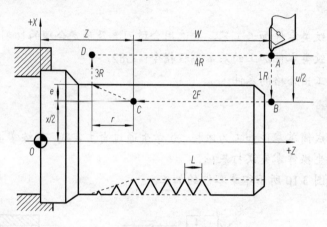

图 3.11　螺纹轨迹

（2）应用

G82 指令主要应用于普通螺纹加工，螺距不能太大。

（3）说明

G82 指令在 HNC-21 系列的 7.11 版以及 HNC-18 系列的 4.03 版以后的车床系统都将加入 Q 参数，格式：

```
G82 X(U)_ Z(W)_ R_ E_ C_ P_ F/J_ Q_;
```

1）不写 Q 值时，系统将以各进给轴设定的加减速常数来退尾。

2）若需要用回退功能，R、E 必须同时指定。

3）短轴退尾量与长轴退尾量的比值不能大于 20。

4）Q 值为模态值。

（4）编程提示

车削时，起刀点应离开工件至少一个螺距，一般要离开零件表面 1～5mm。

注意：螺纹切削循环过程中，在进给保持状态下，该循环在完成全部动作之后才停止运动。

任务实施 ▶

1）请完成工艺步骤，并填入表 3.21。

表 3.21　印章加工工艺表

	工艺步骤	备注
1		
2		
3		
4		
5		

2）请完成刀具和切削用量准备方案，并填入表 3.22。

表 3.22　印章加工切削参数表

刀具号	刀具名称	加工表面	转速	进给量
1				
2				
3				
4				
5				

3）请完成程序编制，并填入表 3.23。

表 3.23　印章加工编写程序表

内螺纹程序	
外螺纹程序	

交流讨论▶

请按组交流讨论，通过自检、互检的方式，完成表 3.24 的填写。

表 3.24　印章加工自检、互检表

件一				
内容		自检结果	互检结果	是否合格
直径	$\phi 38^{\ 0}_{-0.03}$			
	$\phi 24$			
	$\phi 15$			
螺纹	M30×1.5			
长度	80			
	14			
	12			
	5			
	4×2			
	21.37			
球体	$SR12$			
倒角	$C1.5$			
圆弧	$R10$			

件二				
内容		自检结果	互检结果	是否合格
直径	$\phi 38^{\ 0}_{-0.03}$			
螺纹	M30×1.5			
长度	22			
	19			
	4×2			
倒角	$C1.5$			

任务小结▶

1）加工过程中有没有遇到问题？请简单说明。

2）通过练习，你是否完成了任务？有收获吗？

附：本任务参考程序如表 3.25 所示。

表 3.25　印章加工参考程序

外螺纹程序	O0001; T0101 G00 X100 Z100 M03 S400 G01 X32 Z2 G82 X29.5 Z-12 P1.5 X29 X28.6 X28.4 X28.2 X28.15 X28.15 G00 X100 Z100 M05 M30
内螺纹程序	O0002; T0101 G00 X100 Z100 M03 S400 G01 X26 Z2 G82 X28.8 Z-12 P1.5 X29.2 X29.4 X29.6 X29.8 X30 X30 G00 X100 Z100 M05 M30

项目四

自 动 编 程

项目目标

❖ 知道自动编程的工艺知识。
❖ 了解自动编程软件。
❖ 会利用自动编程加工简单的零件。

项目简介

本项目主要介绍数控车床自动编程知识，让学生掌握比较先进的加工方法。通过介绍自动编程的原理和实际应用，开阔学生的视野。

本项目具体介绍数控自动编程的工艺流程、工作原理和实际加工过程，让学生有比较直观的认识，为以后的工作打好基础。

任务一 熟悉自动编程的流程

任务目标▶

❖ 了解自动编程的概念。

❖ 知道自动编程的加工流程。

❖ 了解数控车床自动编程软件。

任务描述▶

本任务以学生了解自动编程加工过程为目标,让学生了解并知道自动编程的具体加工流程,从而知道手工编程和自动编程的区别,知道各自的优缺点,分析出两种加工方式的区别和应用场合。

相关知识▶

1. 自动编程的流程

自动编程流程如图 4.1 所示。

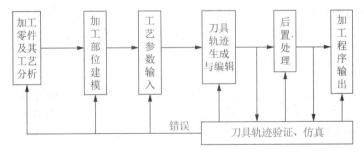

图 4.1　自动编程流程

2. 加工零件及其工艺分析

与手动编程一样,加工零件及其工艺分析是数控编程的基础。目前这项工作主要由人工来做,随着计算机辅助工艺设计(Computer Aided Process Planning,CAPP)技术的发展,将逐渐由 CAPP 或借助 CAPP 来完成。加工零件的工艺分析主要任务如下:

1)零件几何尺寸、公差及精度要求的核准;

2)确定加工方法、工夹量具及刀具;

3)确定编程原点及编程坐标系;

4）确定走刀路线及工艺参数。

3．加工部位造型

与前述相同，有以下三种方法获取和建立零件几何模型：

1）利用软件本身提供的计算机辅助设计（Computer Aided Design，CAD）模块；

2）将其他 CAD/CAM 系统生成的图形，通过标准图形转换接口（如 STEP、DXFIGES、STL、DWGPARASLD、CADL、NFL 等）转换成本软件系统的图形格式；

3）利用三坐标测量机测量数据或三维多层扫描数据。

4．工艺参数输入

将工艺分析中的工艺参数输入自动编程系统中，常见的工艺参数如下：

1）刀具类型、尺寸与材料；

2）切削用量，如主轴转速、进给速度、切削深度及加工余量等；

3）毛坯信息，如尺寸、材料等；

4）其他信息，如安全平面、线性逼近误差、刀具轨迹间的残留高度、进退刀方式、走刀方式、冷却方式等。

5．刀具轨迹生成与编辑

自动编程系统将根据几何信息与工艺信息自动完成基点和节点的计算，并对数据进行编排，形成刀位数据；刀位轨迹生成后，自动编程系统将刀具轨迹显示出来，如果有不合适的地方，可在人工交互方式下对刀具轨迹进行编辑与修改。

6．刀具轨迹的验证与仿真

自动编程系统提供验证与仿真模块，可以检查刀具轨迹的正确性与合理性。验证模块指通过模拟加工过程来检验加工中是否过切，刀具与约束面是否发生干涉与碰撞等；仿真模块是将加工过程中的零件模型、机床模型、夹具模型及刀具模型用图形动态显示出来，基本具有试切加工的效果。

7．后置处理

将刀位数据文件转换为数控装置能接收的数控加工程序。

8．加工程序输出

1）将加工程序利用打印机打印出来，供人们阅读。

2）将加工程序存入存储介质，用于保存或转移到数控机床上使用。

3）通过标准通信接口，将加工程序直接送给数控装置。

任务实施 ▶

查阅编程和模拟加工的相关软件，并列出几种。

交流讨论 ▶

按组交流，讨论几种自动编程软件各有什么优缺点。

任务小结 ▶

自动编程和手动编程有什么区别？请简单说明。

任务目标▶

❖ 了解自动编程的整个加工过程。

❖ 在设备上完成整个简单零件的加工。

❖ 能运用自动编程软件进行简单的编程。

任务描述▶

本任务向学生展示了用数控车床软件绘图、设置参数、生成刀具轨迹，及加工的整个流程，让学生了解并知道自动编程在实际加工过程中是如何操作的，最后自己动手通过自动编程完成一个简单零件的加工。

根据图 4.2 所示零件图，完成零件的编程。

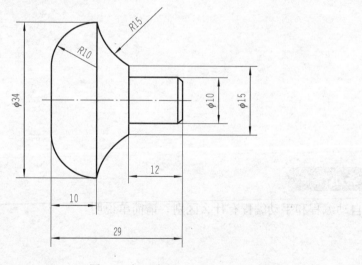

图 4.2　加工实例

相关知识▶

零件加工的自动编程步骤如下。

（1）绘制零件图

启动 CAXA 数控车绘图软件，根据零件图尺寸绘制零件图形。

注意：绘图时将零件右端面中心设在坐标系原点（0,0），然后开始绘制图形。因车削加工的零件主要是回转体零件，也可只绘制零件的外轮廓，如图4.3所示。

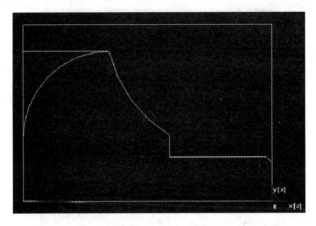

图4.3 绘制零件图

（2）设置加工参数

单击"轮廓粗车"按钮，打开"粗车参数表"对话框，在"加工参数"选项卡中设置加工表面类型为"外轮廓"，加工参数如图4.4所示。

图4.4 设置加工参数

（3）设置进退刀方式

打开"粗车参数表"对话框，在"进退刀方式"选项卡中设置各参数，如图4.5所示。

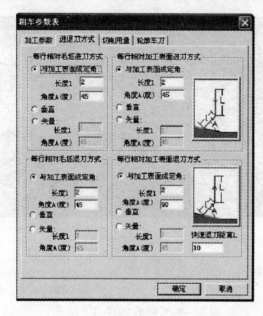

图4.5　设置进退刀方式

（4）设置切削用量

打开"粗车参数表"对话框，在"切削用量"选项卡中设置各参数，如图4.6所示。

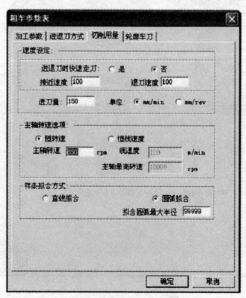

图4.6　设置切削用量

（5）设置轮廓刀具

打开"粗车参数表"对话框，在"轮廓车刀"选项卡中设置各参数，如图4.7所示。

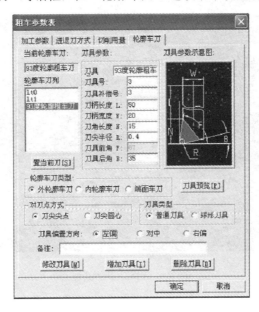

图4.7 设置轮廓刀具

（6）改变拾取方式

完成步骤（2）～（5）操作后，右击视图窗口，弹出如图4.8所示快捷菜单，在快捷菜单中选择拾取方式，如图4.8所示。

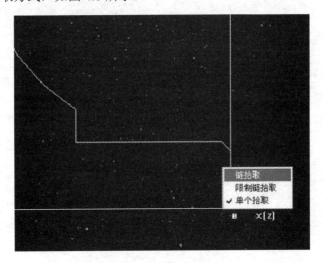

图4.8 改变拾取方式

（7）拾取毛坯轮廓

在视图窗口中选择首尾线段，如图 4.9 所示。

图 4.9　拾取毛坯轮廓

（8）确定进退刀点生成刀路

在视图窗口中通过输入或单击的方式确定进退刀点，并确定生成刀具轨迹，如图 4.10 所示。

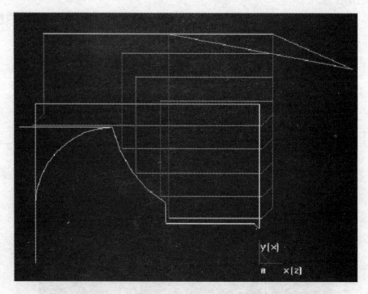

图 4.10　确定进退刀点生成刀具轨迹

（9）模拟加工

在视图窗口中选择"模拟刀轨"命令，进行零件的模拟加工，所得图形如图 4.11 所示。

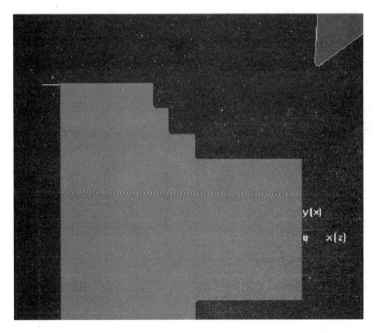

图 4.11 零件的模拟加工

（10）精车加工

选择"精车加工"命令，完成整个零件的精车加工，如图 4.12 所示。

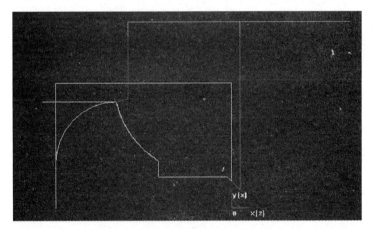

图 4.12 精车加工

任务实施▶

根据上述步骤，完成零件的编程和模拟加工。

交流讨论▶

按组交流，讨论编程和加工过程中遇到的问题和解决问题的方法。

任务小结▶

1）加工过程中有没有遇到问题？简单说明。

2）通过练习，你是否完成了任务？有收获吗？

项目五

操 作 练 习

项目目标

达到数控车工初、中级考证的要求。

项目简介

本项目主要是通过练习使学生达到数控车工初、中级的考证要求，并学习相关的理论知识。

练习一 加工外圆轴

按照图 5.1 完成相应的任务。

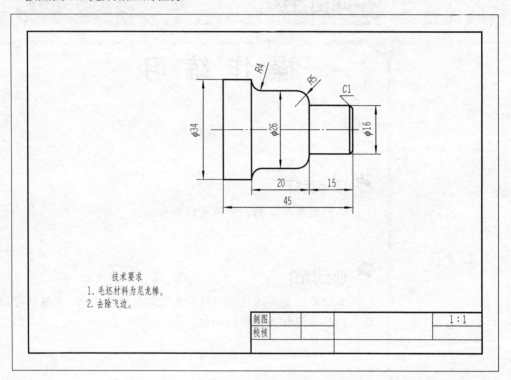

图 5.1 外圆轴零件图

1. 量具、刀具选择

将加工图 5.1 所示零件所需的量具填入表 5.1。

表 5.1 加工外圆轴所需量具

序号	名称	规格
1		
2		
3		
4		
5		
6		

将加工图 5.1 所示零件所需的刀具填入表 5.2。

表 5.2　加工外圆轴所需刀具

序号	名称	规格
1		
2		
3		
4		
5		
6		

2. 确定切削用量

确定切削用量并填入表 5.3。

表 5.3　加工外圆轴的切削用量

序号	加工内容	刀具号	主轴转速	进给速度	背吃刀量

3. 加工程序

写出图 5.1 所示零件的加工程序。

4. 测评总结

采用自评和互评的方式对任务完成情况进行评价。

练习二 加工螺纹轴

按照图 5.2 完成相应的任务。

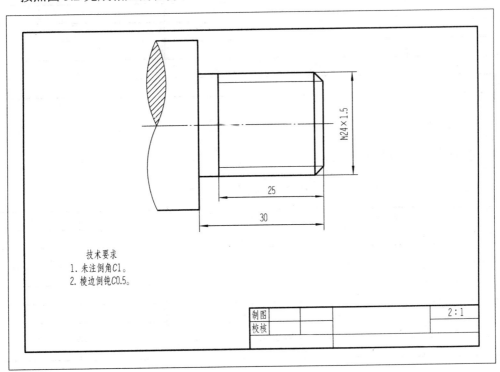

技术要求
1. 未注倒角C1。
2. 棱边倒钝C0.5。

| 制图 | | | 2：1 |
| 校核 | | | |

图 5.2 螺纹轴零件图

1. 量具、刀具选择

将加工图 5.2 所示零件所需的量具填入表 5.4。

表 5.4 加工螺纹轴所需量具

序号	名称	规格
1		
2		
3		
4		
5		
6		

将加工图 5.2 所示零件所需的刀具填入表 5.5。

表 5.5　加工螺纹轴所需刀具

序号	名称	规格
1		
2		
3		
4		
5		
6		

2. 确定切削用量

确定切削用量并填入表 5.6。

表 5.6　加工螺纹轴的切削用量

序号	加工内容	刀具号	主轴转速	进给速度	背吃刀量

3. 加工程序

写出图 5.2 所示零件的加工程序。

4. 测评总结

采用自评和互评的方式对任务完成情况进行评价。

练习三 加工内孔螺纹轴

按照图 5.3 完成相应的任务。

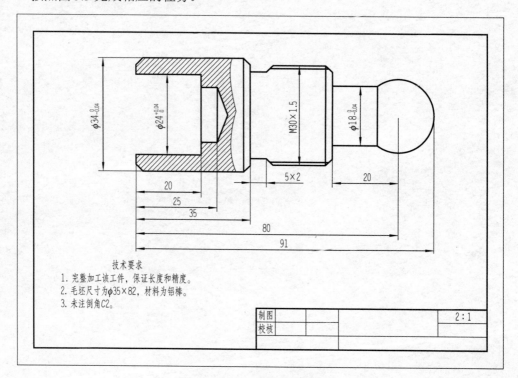

技术要求
1. 完整加工该工件，保证长度和精度。
2. 毛坯尺寸为φ35×82，材料为铝棒。
3. 未注倒角C2。

制图			2:1
校核			

图 5.3　内孔螺纹轴零件图

1. 量具、刀具选择

将加工图 5.3 所示零件所需的量具填入表 5.7。

表 5.7　加工内孔螺纹轴所需量具

序号	名称	规格
1		
2		
3		
4		
5		
6		

将加工图 5.3 所示零件所需的刀具填入表 5.8。

表 5.8 加工内孔螺纹轴所需刀具

序号	名称	规格
1		
2		
3		
4		
5		
6		

2. 确定切削用量

确定切削用量并填入表 5.9。

表 5.9 加工内容螺纹轴的切削用量

序号	加工内容	刀具号	主轴转速	进给速度	背吃刀量

3. 加工程序

写出图 5.3 所示零件的加工程序。

4. 测评总结

采用自评和互评的方式对任务完成情况进行评价。

练习四 加工圆弧螺纹轴

按照图 5.4 完成相应的任务。

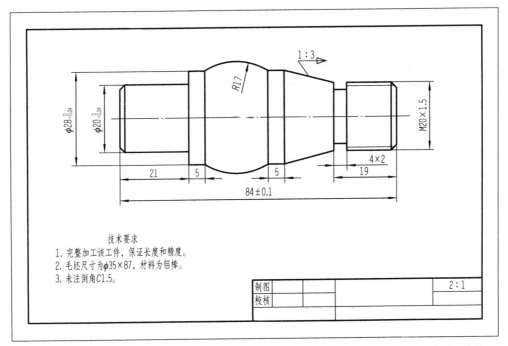

图 5.4 圆弧螺纹轴零件图

1. 量具、刀具选择

将加工图 5.4 所示零件所需的量具填入表 5.10。

表 5.10 加工圆弧螺纹轴所需量具

序号	名称	规格
1		
2		
3		
4		
5		
6		

将加工图 5.4 所示零件所需的刀具填入表 5.11。

表 5.11 加工圆弧螺纹轴所需刀具

序号	名称	规格
1		
2		
3		
4		
5		
6		

2. 确定切削用量

确定切削用量并填入表 5.12。

表 5.12 加工圆弧螺纹轴的切削用量

序号	加工内容	刀具号	主轴转速	进给速度	背吃刀量

3. 加工程序

写出图 5.4 所示零件的加工程序。

4. 测评总结

采用自评和互评的方式对任务完成情况进行评价。

练习五　加工锥孔螺纹轴

按照图 5.5 完成相应的任务。

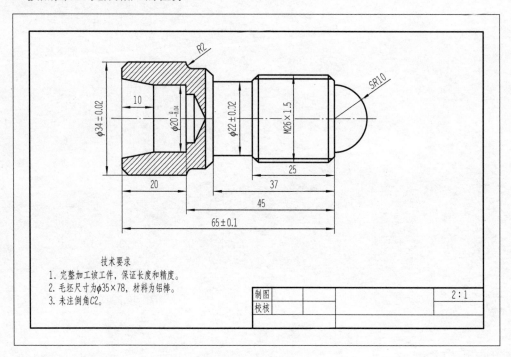

技术要求
1. 完整加工该工件，保证长度和精度。
2. 毛坯尺寸为φ35×78，材料为铝棒。
3. 未注倒角C2。

| 制图 | | | 2:1 |
| 校核 | | | |

图 5.5　锥孔螺纹轴零件图

1. 量具、刀具选择

将加工图 5.5 所示零件所需的量具填入表 5.13。

表 5.13　加工锥孔螺纹轴所需量具

序号	名称	规格
1		
2		
3		
4		
5		
6		

将加工图 5.5 所示零件所需的刀具填入表 5.14。

表 5.14　加工锥孔螺纹轴所需刀具

序号	名称	规格
1		
2		
3		
4		
5		
6		

2. 确定切削用量

确定切削用量并填入表 5.15。

表 5.15　加工锥孔螺纹轴的切削用量

序号	加工内容	刀具号	主轴转速	进给速度	背吃刀量

3. 加工程序

写出图 5.5 所示零件的加工程序。

4. 测评总结

采用自评和互评的方式对任务完成情况进行评价。

练习六 加工圆弧锥孔轴

按照图 5.6 完成相应的任务。

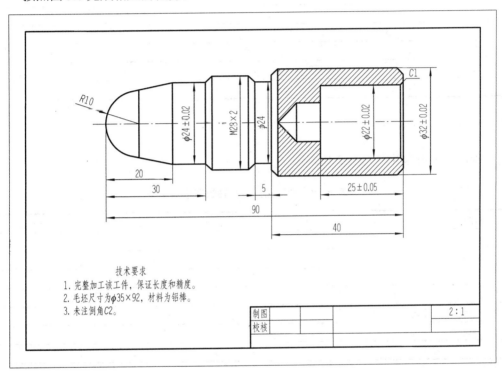

图 5.6 圆弧锥孔轴零件图

1. 量具、刀具选择

将加工图 5.6 所示零件所需的量具填入表 5.16。

表 5.16 加工圆弧锥孔轴所需量具

序号	名称	规格
1		
2		
3		
4		
5		
6		

将加工图 5.6 所示零件所需的刀具填入表 5.17。

表 5.17 加工圆弧锥孔轴所需刀具

序号	名称	规格
1		
2		
3		
4		
5		
6		

2. 确定切削用量

确定切削用量并填入表 5.18。

表 5.18 加工圆弧锥孔轴的切削用量

序号	加工内容	刀具号	主轴转速	进给速度	背吃刀量

3. 加工程序

写出图 5.6 所示零件的加工程序。

4. 测评总结

采用自评和互评的方式对任务完成情况进行评价。

练习七 加工成型面轴孔

按照图 5.7 完成相应的任务。

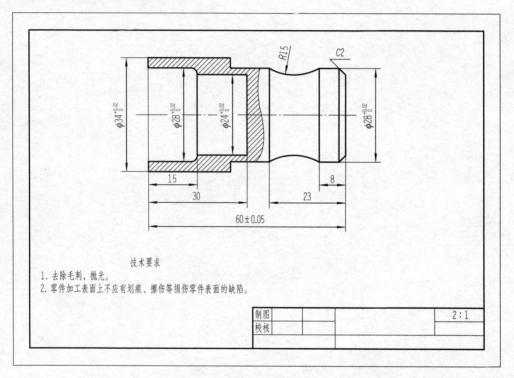

图 5.7 成型面轴孔零件图

1. 量具、刀具选择

将加工图 5.7 所示零件所需的量具填入表 5.19。

表 5.19 加工成型面轴孔所需量具

序号	名称	规格
1		
2		
3		
4		
5		
6		

将加工图 5.7 所示零件所需的刀具填入表 5.20。

表 5.20 加工成型面轴孔所需刀具

序号	名称	规格
1		
2		
3		
4		
5		
6		

2. 确定切削用量

确定切削用量并填入表 5.21。

表 5.21 加工成型面轴孔的切削用量

序号	加工内容	刀具号	主轴转速	进给速度	背吃刀量

3. 加工程序

写出图 5.7 所示零件的加工程序。

4. 测评总结

采用自评和互评的方式对任务完成情况进行评价。

练习八 加工复杂成型面零件

按照图 5.8 完成相应的任务。

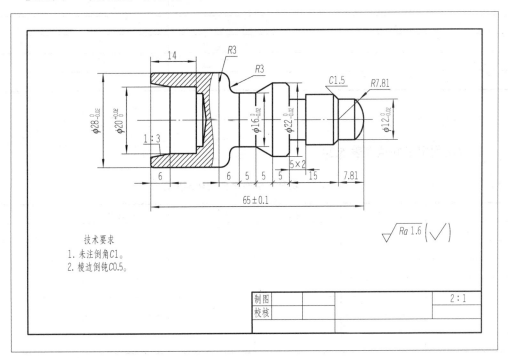

图 5.8 复杂成型面零件图

1. 量具、刀具选择

将加工图 5.8 所示零件所需的量具填入表 5.22。

表 5.22 加工复杂成型面零件所需量具

序号	名称	规格
1		
2		
3		
4		
5		
6		

将加工图 5.8 所示零件所需的刀具填入表 5.23。

表 5.23　加工复杂成型面零件所需刀具

序号	名称	规格
1		
2		
3		
4		
5		
6		

2.　确定切削用量

确定切削用量并填入表 5.24。

表 5.24　复杂成型面零件的切削用量

序号	加工内容	刀具号	主轴转速	进给速度	背吃刀量

3.　加工程序

写出图 5.8 所示零件的加工程序。

4. 测评总结

采用自评和互评的方式对任务完成情况进行评价。

项目六

数控车工理论试题与
参考答案

试题一　数控车工

一、选择题（以下四个备选答案中其中一个为正确答案，请将其代号填入括号内，每题 1.5 分，满分 45 分）

1. 图样中螺纹的底径线用（　　）绘制。
   A．粗实线　　　　B．细点画线　　　　C．细实线　　　　D．虚线

2. 装配图的读图方法，首先看（　　），了解部件的名称。
   A．零件图　　　　B．明细表　　　　C．标题栏　　　　D．技术文件

3. 公差代号为 H7 的孔和代号为（　　）的轴组成过渡配合。
   A．f6　　　　　　B．g6　　　　　　C．m6　　　　　　D．u6

4. 尺寸 $\phi48F6$ 中，"6"代表（　　）。
   A．尺寸公差带代号　　　　　　　　B．公差等级代号
   C．基本偏差代号　　　　　　　　　D．配合代号

5. 牌号为 45 的钢的含碳量为百分之（　　）。
   A．45　　　　　　B．4.5　　　　　　C．0.45　　　　　D．0.045

6. 轴类零件的调质处理热处理工序应安排在（　　）。
   A．粗加工前　　　　　　　　　　　B．粗加工后，精加工前
   C．精加工后　　　　　　　　　　　D．渗碳后

7. 下列钢的牌号中，（　　）钢的综合力学性能最好。
   A．45　　　　　　B．T10　　　　　C．20　　　　　　D．08

8. 常温下刀具材料的硬度应在（　　）以上。
   A．HRC60　　　　B．HRC50　　　　C．HRC80　　　　D．HRC100

9. 三星齿轮的作用是（　　）。
   A．改变传动比　　　　　　　　　　B．提高传动精度
   C．用于齿轮间联结　　　　　　　　D．改变丝杠转向

10. 一对相互啮合的齿轮，其模数、（　　）必须相等才能正常传动。
    A．齿数比　　　　B．齿形角　　　　C．分度圆直径　　　D．齿数

11. 数控车床中，目前数控装置的脉冲当量一般为（　　）。
    A．0.01　　　　　B．0.001　　　　　C．0.0001　　　　D．0.1

12. MC 是指（　　）的缩写。
    A．自动化工厂　　　　　　　　　　B．计算机数控系统

C. 柔性制造系统   D. 数控加工中心

13. 工艺基准除了测量基准、装配基准外，还包括（   ）。

  A. 定位基准   B. 粗基准   C. 精基准   D. 设计基准

14. 零件加工时选择的定位粗基准可以使用（   ）。

  A. 一次   B. 二次   C. 三次   D. 四次及以上

15. 工艺系统的组成部分不包括（   ）。

  A. 机床   B. 夹具   C. 量具   D. 刀具

16. 车床上的卡盘、中心架等属于（   ）夹具。

  A. 通用   B. 专用   C. 组合   D. 标准

17. 工件的定位精度主要靠（   ）来保证。

  A. 定位元件   B. 辅助元件   C. 夹紧元件   D. 其他元件

18. 切削用量中（   ）对刀具磨损的影响最大。

  A. 切削速度   B. 进给量   C. 进给速度   D. 背吃刀量

19. 刀具上切屑流过的表面称为（   ）。

  A. 前刀面   B. 后刀面   C. 副后刀面   D. 侧面

20. 为了减少径向力，车细长轴时，车刀主偏角应取（   ）。

  A. $30°\sim45°$ B. $50°\sim60°$ C. $80°\sim90°$ D. $15°\sim20°$

21. 既可车外圆又可车端面和倒角的车刀，其主偏角应采用（   ）。

  A. 30°   B. 45°   C. 60°   D. 90°

22. 标准麻花钻的顶角 ϕ 的大小为（   ）。

  A. 90°   B. 100°   C. 118°   D. 120°

23. 车削右旋螺纹时主轴正转，车刀由右向左进给，车削左旋螺纹时应该使主轴（   ）进给。

  A. 倒转，车刀由右向左   B. 倒转，车刀由左向右

  C. 正转，车刀由左向右   D. 正转，车刀由右向左

24. 螺纹加工中加工精度主要由机床精度保证的几何参数为（   ）。

  A. 大径   B. 中径   C. 小径   D. 导程

25. 数控机床有不同的运动方式，需要考虑工件与刀具相对运动关系及坐标方向，采用（   ）的原则编写程序。

  A. 刀具不动，工件移动

  B. 工件固定不动，刀具移动

  C. 根据实际情况而定

  D. 铣削加工时刀具固定不动，工件移动；车削加工时刀具移动，工件不动

26. 如图所示，已知内径百分表校正尺寸为φ30.000，则孔的实际尺寸的正确读数是（　　）。

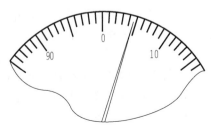

A. 30.0046　　　　B. 30.046　　　　C. 29.954　　　　D. 29.54

27. 数控机床面板上 JOG 是指（　　）。

A. 快进　　　　B. 点动　　　　C. 自动　　　　D. 暂停

28. 数控车床的开机操作步骤应该是（　　）。

A. 开电源，开急停开关，开 CNC 系统电源

B. 开电源，开 CNC 系统电源，开急停开关

C. 开 CNC 系统电源，开电源，开急停开关

D. 都不对

29. 以下（　　）指令，在使用时应按下面板"暂停"开关，才能实现程序暂停。

A. M01　　　　B. M00　　　　C. M02　　　　D. M06

30. 机床照明灯应选（　　）V 供电。

A. 220　　　　B. 110　　　　C. 36　　　　D. 80

二、判断题（请将判断结果填入题后的括号中，正确的填"√"，错误的填"×"，每题1分，满分20分）

1. 广泛应用的三视图为主视图、俯视图、左视图。　　　　　　　　（　　）

2. 基准孔的下极限偏差等于零。　　　　　　　　　　　　　　　　（　　）

3. 增大后角可减少摩擦，故精加工时后角应较大。　　　　　　　　（　　）

4. 螺旋机构可以把回转运动变成直线运动。　　　　　　　　　　　（　　）

5. 为了保证安全，机床电器的外壳必须接地。　　　　　　　　　　（　　）

6. 机床"手动"方式下，机床移动速度 F 应由程序指定。　　　　　（　　）

7. 发生电火灾时，首先必须切断电源，然后救火和立即报警。　　　（　　）

8. 车细长轴时，为减少热变形伸长，应加充分的冷却液。　　　　　（　　）

9. 硬质合金焊接式刀具具有结构简单、刚性好的优点。　　　　　　（　　）

10. 各种热处理工艺过程都是由加热、保温、冷却三个阶段组成的。　（　　）

11. "一面两销"定位，对一个圆销削边的目的是减少过定位的干涉。　（　　）

12. 粗基准是粗加工阶段采用的基准。（　　）

13. 两个短 V 形块和一个长 V 形块所限制的自由度是一样的。（　　）

14. 直接找正安装一般多用于单件、小批量生产，因此其生产率低。（　　）

15. 定尺寸刀具法是指用具有一定尺寸精度的刀具来保证工件被加工部位的精度。（　　）

16. 工件在夹具中定位时，欠定位和过定位都是不允许的。（　　）

17. 为了进行自动化生产，零件在加工过程中应采取单一基准。（　　）

18. 一般以靠近零线的上极限偏差（或下极限偏差）为基本偏差。（　　）

19. 公差等级代号数字越大，表示工件的尺寸精度要求越高。（　　）

20. 高速钢在强度、韧性等方面均优于硬质合金，故可用于高速切削。（　　）

三、程序选择题（根据加工图形，以下四个备选答案中其中一个为正确答案，请将其代号填入括号内，每题 1.5 分，满分 15 分）

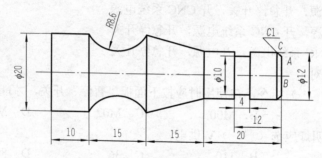

N0001	G54			零点偏置
N0002	（　　）	S640		主轴正转
A. M01	B. M02	C. M03	D. M04	
N0003	M06	T01(外圆车刀)　（　　）		换外圆车刀，冷却液开
A. M99	B. M98	C. M10	D. M08	
N0004	（　　）	X1　Z0.5		快进至 A 点
A. G00	B. G01	C. G02	D. G03	
N0005	（　　）	X0　Z0　F0.2		工进至 B 点
A. G00	B. G01	C. G02	D. G03	
N0006	U（　　）	W0		工进至 C 点
A. 5	B. 10	C. 12	D. 6	
N0007	U2　W−1			倒角
N0008	W−19			车外圆 12
N0009	U8　W−20			车锥面

N0010	（　）	U0	W−15	（　）		车圆弧面
A. G00		B. G01	C. G02	D. G03		
A. R−8.6		B. R8.6	C. D−17.2	D. D17.2		
N0011	G01		W−10 车外圆 20			
N0012	G00	X35	Z20			快退至换刀点
N0013	M06	T02（割槽刀，刀宽 4mm）				换刀
N0014	G00	X14	Z−12			快进
N0015	G01	U（　）	W（　）	割槽		
A. −4		B. 4	C. 10	D. 5		
A. 12		B. −12	C. −4	D. 0		
N0016	G04	X4				延时 4s
N0017	G01	U4				退刀
N0018	G00	X35	Z20	M09		快退至换刀点
N0019	M05					主轴停转
N0020	（　）					程序结束并返回
A. M02		B. M99	C. M03	D. M30		

四、简答题（每题 10 分，满分 20 分）

1．指出粗车循环指令的指令格式：G71　P$\underline{ns}$　Q$\underline{nf}$　UΔU　WΔW　DΔd 中各项数字符号的含义。

ns ——

nf ——

ΔU ——

ΔW ——

Δd ——

2．简述在数控车床上加工轴类回转零件常用的装夹方法（允许用简图表达）及应用场合。

参考答案

一、选择题

1. C　2. B　3. C　4. B　5. C　6. B　7. A　8. A　9. D
10. B　11. B　12. D　13. A　14. A　15. C　16. A　17. A　18. A
19. A　20. C　21. B　22. C　23. A　24. D　25. B　26. B　27. B
28. B　29. A　30. C

二、判断题

1. √　2. √　3. √　4. √　5. √　6. ×　7. √　8. √　9. √
10. ×　11. √　12. √　13. ×　14. √　15. √　16. √　17. √　18. √
19. ×　20. ×

三、程序选择题

C D A B B C B A D D

四、简答题

1.
答：
ns——精加工形状程序段中的开始程序段号；
nf——精加工形状程序段中的结束程序段号；
ΔU——X 轴方向精加工余量；
ΔW——Z 轴方向精加工余量；
Δd——背吃刀量。

2.
答：几种装夹方法如下：
1）单动卡盘装夹。适用于装夹大型或形状不规则的工件。
2）自定心卡盘装夹。适用于装夹外形规则的中、小型零件。
3）用双顶尖装夹。适用于较长或必须经过多次加工的工件或工序较多、车削后还需要铣削或磨削的工件。
4）用一夹一顶装夹。适用于车削一般的轴类工件，尤其是较重的工件。

试题二 数控车工

一、选择题（以下四个备选答案中其中一个为正确答案，请将其代号填入括号内，每题 1.5 分，满分 45 分）

1. 画螺纹连接图时，剖切面通过螺栓、螺母、垫圈等轴线时，这些零件均按（   ）绘制。

    A. 不剖   B. 半剖   C. 全剖   D. 剖面

2. 在用视图表示球体形状时，只需在尺寸标注时加注（   ）符号，用一个视图就可以表达清晰。

    A. R B. ϕ C. $S\phi$ D. O

3. 用游标卡尺测量 8.08mm 的尺寸，选用读数值 i 为（   ）的游标卡尺较适当。

    A. 0.1   B. 0.02   C. 0.05   D. 0.015

4. 配合代号 H6/f5 应理解为（   ）配合。

    A. 基孔制间隙   B. 基轴制间隙

    C. 基孔制过渡   D. 基轴制过渡

5. 牌号为 35 的钢的含碳量为百分之（   ）。

    A. 35   B. 3.5   C. 0.35   D. 0.035

6. 轴类零件的淬火热处理工序应安排在（   ）。

    A. 粗加工前   B. 粗加工后，精加工前

    C. 精加工后   D. 渗碳后

7. 下列钢的牌号中，（   ）钢的塑性、焊接性最好。

    A. 5   B. T10   C. 20   D. 65

8. 精加工脆性材料，应选用（   ）的车刀。

    A. YG3   B. YG6   C. YG8   D. YG5

9. 切削时，工件转一转时车刀相对工件的位移量又叫作（   ）。

    A. 切削速度   B. 进给量   C. 切削深度   D. 转速

10. 精车外圆时，刃倾角应取（   ）。

    A. 负值   B. 正值   C. 零   D. 都可以

11. 传动螺纹一般都采用（   ）。

    A. 普通螺纹   B. 管螺纹   C. 梯形螺纹   D. 矩形螺纹

12. 一对相互啮合的齿轮，其齿形角、（   ）必须相等才能正常传动。

    A. 齿数比   B. 模数   C. 分度圆直径   D. 齿数

13. CNC 是指（　　　）的缩写。

    A. 自动化工厂   B. 计算机数控系统

    C. 柔性制造系统   D. 数控加工中心

14. 工艺基准除了测量基准、定位基准外，还包括（　　　）。

    A. 装配基准   B. 粗基准   C. 精基准   D. 设计基准

15. 工件以两孔一面为定位基准，采用一面两圆柱销为定位元件，这种定位属于（　　　）定位。

    A. 完全   B. 部分   C. 重复   D. 永久

16. 夹具中的（　　　）装置，用于保证工件在夹具中的正确位置。

    A. 定位元件   B. 辅助元件   C. 夹紧元件   D. 其他元件

17. V 形铁是以（　　　）为定位基面的定位元件。

    A. 外圆柱面   B. 内圆柱面   C. 内锥面   D. 外锥面

18. 切削用量中（　　　）对刀具磨损的影响最小。

    A. 切削速度   B. 进给量   C. 进给速度   D. 背吃刀量

19. 粗加工时的后角与精加工时的后角相比，应（　　　）。

    A. 较大   B. 较小   C. 相等   D. 都可以

20. 车刀角度中，控制刀屑流向的是（　　　）。

    A. 前角   B. 主偏角   C. 刃倾角   D. 后角

21. 精车时加工余量较小，为提高生产率，应选用较大的（　　　）。

    A. 进给量   B. 切削深度   C. 切削速度   D. 进给速度

22. 粗加工较长轴类零件时，为了提高工件装夹刚性，其定位基准可采用轴的（　　　）。

    A. 外圆表面   B. 两端面

    C. 一侧端面和外圆表面   D. 内孔

23. 闭环控制系统的位置检测装置安装在（　　　）。

    A. 传动丝杠上   B. 伺服电动机轴端

    C. 机床移动部件上   D. 数控装置上

24. 影响已加工表面的表面粗糙度大小的刀具几何角度主要是（　　　）。

    A. 前角   B. 后角   C. 主偏角   D. 副偏角

25. 为了保持恒切削速度，在由外向内车削端面时，如进给速度不变，主轴转速应该（　　　）。

    A. 不变   B. 由快变慢

    C. 由慢变快   D. 先由慢变快再由快变慢

26. 如图所示，正确的读数是（　　　）。

    A. 15.505   B. 15.496   C. 15.996   D. 15.99

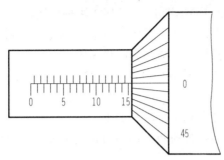

27. 数控机床面板上 AUTO 是指（　　　）。

　　A．快进　　　　　B．点动　　　　　C．自动　　　　　D．暂停

28. 程序的修改步骤，应该是将光标移至要修改处，输入新的内容，然后按（　　）键即可。

　　A．插入　　　　　B．删除　　　　　C．替代　　　　　D．复位

29. 在 Z 轴方向对刀时，一般采用在端面车一刀，然后保持刀具 Z 轴坐标不动，按（　　　）按钮，即将刀具的位置确认为编程坐标系零点。

　　A．回零　　　　　B．置零　　　　　C．空运转　　　　　D．暂停

30. 发生电火灾时，应选用（　　　）灭火。

　　A．水　　　　　　B．沙　　　　　　C．普通灭火机　　　D．冷却液

二、判断题（请将判断结果填入题后的括号中，正确的填"√"，错误的填"×"，每题 1 分，满分 20 分）

1. 机械制图图样上所用的单位为 cm。　　　　　　　　　　　　　　（　　　）

2. 基准轴的上极限偏差等于零。　　　　　　　　　　　　　　　　（　　　）

3. 刀具的耐用度取决于刀具本身的材料。　　　　　　　　　　　　（　　　）

4. 工艺系统刚性差，容易引起振动，应适当增大后角。　　　　　　（　　　）

5. 我国动力电路的电压是 380V。　　　　　　　　　　　　　　　（　　　）

6. 机床"点动"方式下，机床的移动速度 F 应由程序指定。　　　　（　　　）

7. 退火和回火都可以消除钢的应力，所以在生产中可以通用。　　　（　　　）

8. 加工同轴度要求高的轴工件时，用双顶尖的装夹方法。　　　　　（　　　）

9. YG8 刀具牌号中的数字代表含钴量为 80%。　　　　　　　　　　（　　　）

10. 钢渗碳后，其表面即可获得很高的硬度和耐磨性。　　　　　　（　　　）

11. 不完全定位和欠定位所限制的自由度都少于 6 个，所以本质上是相同的。

　　　　　　　　　　　　　　　　　　　　　　　　　　　　　（　　　）

12. 钻削加工时也可能采用无夹紧装置和夹具体的钻模。　　　　　（　　　）

13. 在机械加工中，采用设计基准作为定位基准称为符合基准统一原则。（　　　）

14. 一般 CNC 机床能自动识别 EIA 和 ISO 两种代码。　　　　　（　　）

15. 所谓非模态指令指的是在本程序段有效，不能延续到下一段指令。（　　）

16. 数控机床重新开机后，一般需先回机床零点。　　　　　　　　（　　）

17. 加工单件时，为保证较高的形状和位置精度，以在一次装夹中完成全部加工为宜。　　　　　　　　　　　　　　　　　　　　　　　　　　　　　　（　　）

18. 零件的表面粗糙度值越小，越易加工。　　　　　　　　　　　（　　）

19. 刃磨麻花钻时，如磨得的两主切削刃长度不等，钻出的孔径会大于钻头直径。
　　　　　　　　　　　　　　　　　　　　　　　　　　　　　　　　（　　）

20. 一般情况下金属的硬度越高，耐磨性越好。　　　　　　　　　（　　）

三、程序选择题（根据加工图形，以下四个备选答案中其中一个为正确答案，请将其代号填入括号内，每题 1.5 分，满分 15 分）

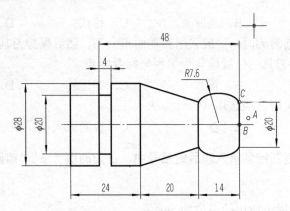

O001			程序号
N001 G54			
N002 M06 T1			外圆车刀
N003　（　　）S640			主轴正转
A. M01	B. M02	C. M03	D. M04
N004（　　）X1.0 Z0.5（　　）			快进 *A* 点，冷却液开
A. G00	B. G01	C. G02	D. G03
A. M99	B. M98	C. M08	D. M09
N005　（　　）X0 Z0 F0.2			工进至 *B* 点
A. G00	B. G01	C. G02	D. G03
N006 G01 U（　　）W0			工进至 *C* 点
A. -10	B. 10	C. -20	D. 20
N007（　　）U0 W-14.0 R（　　）			车圆弧面
A. G00	B. G01	C. G02	D. G03
A. 14.2	B. -14.2	C. 7.6	D. -7.6

N008 G01 U8.0 W-20.0			车锥面
N009 G01 U0 W-24.0			车外圆
N010 G00 X35.0 Z15.0			退至起刀点
N011 M06 T3　（割槽刀刀宽 4mm）			换割槽刀
N012 G00 X30.0 Z-48.0			快进
N013 G01 U（　　）W（　　）			车槽
A. 10	B. -10	C. 5	D. -5
A. 0	B. -48	C. 48	D. -4
N014 G04 P400			延时
N015 G00 U10.0 W0			退刀
N016 G00 X35.0 Z15.0			退至起刀点
N017 M05			主轴停止
N018 （　　）			程序停止并返回
A. M99	B. M98	C. M30	D. M02

四、简答题（每题 10 分，满分 20 分）

1. 指出轮廓粗车循环指令的指令格式：G73　P ns　Q nf　U ΔU　W ΔW　I Δi　K Δk　D Δd 中各项数字符号的含义。

ns——

nf——

ΔU——

ΔW——

Δd——

Δi——

Δk——

2. 简述车刀主偏角大小允许的范围以及对车削径向力的影响。

<h1 style="text-align: center">参考答案</h1>

一、选择题

1. A　2. C　3. B　4. B　5. C　6. B　7. C　8. A　9. B
10. B　11. C　12. B　13. B　14. A　15. A　16. A　17. A　18. D
19. B　20. C　21. C　22. C　23. C　24. D　25. C　26. B　27. C
28. C　29. B　30. B

二、判断题

1. ×　2. √　3. √　4. ×　5. √　6. ×　7. ×　8. √　9. ×
10. √　11. ×　12. √　13. ×　14. √　15. √　16. √　17. √　18. ×
19. √　20. √

三、程序选择题

C　A　C　B　D　D　C　B　A　D

四、简答题

1.
答:

ns——精加工形状程序段中的开始程序段号;

nf——精加工形状程序段中的结束程序段号;

ΔU——X 轴方向精加工余量;

ΔW——Z 轴方向精加工余量;

Δd——粗切循环次数;

Δi——粗切时 X 轴方向切除的余量(半径值);

Δk——粗切时 Z 轴方向切除的余量。

2.
答:

主偏角大小允许的范围一般为45°～90°。

主偏角小,车削径向力增大;主偏角增大使车削径向力减少,有利于改善工艺系统刚性。

试题三 数控车工

一、选择题（以下四个备选答案中其中一个为正确答案，请将其代号填入括号内，每题 1.5 分，满分 45 分）

1. 图样中机件的不可见轮廓线用（ ）绘制。
   A. 粗实线　　　　　　　　　B. 细点画线
   C. 细实线　　　　　　　　　D. 虚线

2. 机件的真实大小应以（ ）为依据。
   A. 图形的大小　　　　　　　B. 绘图的准确性
   C. 图样上的尺寸数值　　　　D. 绘图的比例

3. 螺纹代号 M10-6g6h—S 中，6g 是指（ ）。
   A. 大径的公差　　　　　　　B. 中径的公差
   C. 小径的公差　　　　　　　D. 底径的公差

4. 配合代号 G6/ h5 应理解为（ ）配合。
   A. 基孔制间隙　　　　　　　B. 基轴制间隙
   C. 基孔制过渡　　　　　　　D. 基轴制过渡

5. 钢和铁的区别在于含碳量的多少，理论上含碳量在（ ）以下的合金称为钢。
   A. 0.25%　　　B. 0.60%　　　C. 1.22%　　　D. 2.11%

6. 为了获得良好的切削加工性能，选择下列零件的热处理方法：用碳的质量分数为 0.2% 的钢制作的短轴（ ）。
   A. 退火　　　B. 回火　　　C. 正火　　　D. 淬火

7. HT200 是（ ）铸铁的牌号，牌号中的数字是指其最低抗拉强度值。
   A. 灰　　　B. 球墨　　　C. 可锻　　　D. 石墨

8. 精车时的切削用量选择，其主要考虑的因素是（ ）。
   A. 生产效率　　　　　　　　B. 加工质量
   C. 工艺系统刚性　　　　　　D. 刀具的材料

9. 麻花钻切削时的轴向力主要由（ ）产生。
   A. 横刃　　　B. 主刀刃　　　C. 副刀刃　　　D. 副后刀刃

10. 合金工具钢刀具材料的热处理硬度是（ ）HRC。
    A. 40～45　　　B. 60～65　　　C. 70～80　　　D. 85～90

11. 连接螺纹一般都采用（ ）。
    A. 普通螺纹　　　B. 管螺纹　　　C. 梯形螺纹　　　D. 矩形螺纹

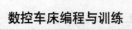

12. 一对标准直齿圆柱外齿轮的模数为 4mm，齿数 Z_1=18，Z_2=36，其正确安装的中心距为（　　）。

    A. 216mm   B. 210mm   C. 110mm   D. 108mm

13. CIMS 是（　　）的缩写。

    A. 计算机集成制造系统   B. 计算机数控系统

    C. 柔性制造系统   D. 数控加工中心

14. 加工完一种工件后，经过调整或更换个别元件，即可加工形状相似、尺寸相近或加工工艺相似的多种工件的夹具是（　　）。

    A. 通用夹具   B. 组合夹具   C. 可调夹具   D. 标准夹具

15. 机床夹具最基本的组成部分是（　　）。

    A. 定位元件、对刀装置、夹紧装置

    B. 定位元件、夹紧装置、夹具体

    C. 定位元件、对刀装置、定向装置

    D. 对刀装置、夹紧装置、定向装置

16. 长 V 形块能限制工件的（　　）自由度。

    A. 两个移动及两个转动   B. 一个移动及两个转动

    C. 两个移动及一个转动   D. 一个移动及一个转动

17. 定位元件和机床上安装夹具的安装面之间位置不准确所引起的误差称为（　　）误差。

    A. 加工   B. 安装   C. 设计   D. 夹紧

18. 使用跟刀架的作用主要是（　　）。

    A. 抵消径向力   B. 保证位置精度

    C. 装夹方便   D. 定位方便

19. 刀具角度中，对断屑影响最大的是（　　）。

    A. 前角   B. 后角   C. 主偏角   D. 副偏角

20. 钻孔时的切削深度（　　）。

    A. $=D$ B. $=D/2$ C. $=D/3$ D. $=D/4$

21. 套类零件配合孔的尺寸精度，一般为（　　）。

    A. IT4～5   B. IT5～6   C. IT6～7   D. IT7～8

22. 用高速钢车刀精加工钢件时，应选用以（　　）为主的切削液。

    A. 冷却   B. 润滑   C. 清洗   D. 防锈

23. V 带传动中，张紧轮宜置于（　　）位置。

    A. 紧边内侧靠近大带轮处   B. 松边内侧靠近大带轮处

    C. 紧边外侧靠近小带轮处   D. 松边外侧靠近小带轮处

24．工序集中有利于保证零件加工表面的（　　　）。

    A．尺寸精度   B．形状精度

    C．相互位置精度   D．表面粗糙度

25．数控加工中刀具上能代表刀具位置的基准点是指（　　　）。

    A．对刀点   B．刀位点   C．换刀点   D．退刀点

26．如图所示，直线度的被测要素是（　　　）。

    A．$\phi20$ 轴线   B．20 素线   C．26 轴线   D．都不是

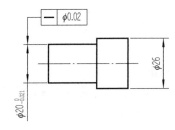

27．如图所示的游标卡尺的刻度值为（　　　）。

    A．0.1   B．0.01   C．0.02   D．0.5

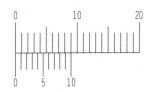

28．程序的输入、调用和修改必须在（　　　）方式下进行。

    A．点动   B．快动   C．MDI   D．编辑

29．程序调用步骤应该是输入程序号后，用（　　　）检索。

    A．光标键   B．页面键   C．复位键   D．都可以

30．我国动力电路的电压是（　　　）V。

    A．220   B．110   C．360   D．80

二、判断题（请将判断结果填入题后的括号中，正确的填"√"，错误的填"×"，每题1分，满分20分）

1．表面粗糙度代号应注在可见轮廓线、尺寸线、尺寸界线或它们的延长线上。

                                      （　　　）

2．形状公差的评定对象是点、线、面等几何要素。   （　　　）

3．刀具材料必须具有较好的耐磨性。   （　　　）

4. 切削热是指切削时切屑带走的所有热量。 （　　）

5. 粗车时，选择切削用量从小到大的顺序是 a_p、f、v。 （　　）

6. 过定位是绝不允许的。 （　　）

7. 工件定位时，并不是任何情况下都要限制 6 个自由度。 （　　）

8. 组合夹具比专用夹具结构简单。 （　　）

9. 零件的粗糙度越小，越易加工。 （　　）

10. 因 CNC 机床一般精度很高，故可对工件进行一次性加工，不需分粗、精加工。

（　　）

11. 不能用额定电流大的熔丝保护小电流电路。 （　　）

12. 链传动适用于起重机械中提升重物。 （　　）

13. 测量螺纹中径，单针测量比三针测量精确。 （　　）

14. 用数控车床车带台阶的螺纹轴，必须输入车床主轴转速、主轴旋转方向、进给量、车台阶长度和直径、车螺纹的各种指令等。 （　　）

15. 作用于活塞上的推力越大，活塞运动的速度就越快。 （　　）

16. 圆柱孔的测量比外圆方便。 （　　）

17. 公称直径相等的内、外螺纹中径的基本尺寸应相等。 （　　）

18. 米制梯形螺纹的牙型角为 30°。 （　　）

19. 由于试切法的加工精度较高，所以主要用于大批量生产。 （　　）

20. 零件冷作硬化，有利于提高耐磨性。 （　　）

三、程序选择题（根据加工图形，以下四个备选答案中其中一个为正确答案，请将其代号填入括号内，每题 1.5 分，满分 15 分）

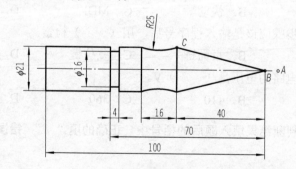

N0001　G54			零点偏置
N0002　（　）　S640			主轴正转
A. M01	B. M02	C. M03	D. M04
N0003　M06　T01（外圆车刀）　（　）			换外圆车刀，冷却液开
A. M99	B. M98	C. M10	D. M08

N0004　　（　　）　X0　　Z2	快进至 *A* 点
A. G00　　　　B. G01　　　　C. G02	D. G03
N0005　　（　　）　X0　Z0　F0.2	工进至 *B* 点
A. G00　　　　B. G01　　　　C. G02	D. G03
N0006　　　　U（　　）　W（　　）	工进至 *C* 点
A. 21　　　　　B. 10.5　　　　C. −21	D. −10.5
A. 40　　　　　B. 20　　　　　C. −40	D. 0
N0008　　（　　）　U0　　　W−16　　R25	车圆弧面
A. G00　　　　B. G01　　　　C. G02	D. G03
N0011　G01　　Z−100	车外圆 20mm
N0012　G00　　X35　　Z20	快退至换刀点
N0013　M06　　T02（割槽刀，刀宽 4mm）换刀	
N0014　G00　　X22　　Z−70	快进
N0015　G01　　U（　　）　W（　　）	割槽
A. −6　　　　　B. 6　　　　　C. −3	D. 3
A. 70　　　　　B. −70　　　　C. −4	D. 0
N0016　G04　　X4	延时 4s
N0017　G01　　U6	退刀
N0018　G00　　X35　　Z20　M09	快退至换刀点
N0019　M05	主轴停转
N0020　　（　　）	程序结束并返回
A. M02　　　　B. M99　　　　C. M03	D. M30

四、应用题（每题 10 分，满分 20 分）

1. 在编制数控车削加工工艺时，应首先考虑哪些方面的问题？

2. 在车床上车削一个直径为 300mm 的铸铁盘端面，选用主轴转速为 76r/min，由外圆向中心进给，问：

1）外圆处的切削速度为多大？

2）切削到中心的切削速度为多大？

3）车端面和车外圆时切削速度有何不同？

参考答案

一、选择题

1. D　　2. C　　3. B　　4. B　　5. D　　6. C　　7. A　　8. B　　9. A

10. C　　11. A　　12. D　　13. A　　14. C　　15. B　　16. A　　17. B　　18. A

19. C　　20. B　　21. B　　22. B　　23. B　　24. C　　25. B　　26. A　　27. A

28. D　　29. A　　30. C

二、判断题

1. √　　2. √　　3. √　　4. ×　　5. √　　6. ×　　7. √　　8. ×　　9. ×

10. ×　　11. √　　12. √　　13. ×　　14. √　　15. ×　　16. ×　　17. √　　18. √

19. ×　　20. √

三、程序选择题

C　D　A　B　A　C　C　A　D　D

四、应用题

1.

答：1）零件图的工艺分析；

　　2）工序和装夹方式的确定；

　　3）加工顺序的确定；

　　4）进给路线的确定；

　　5）刀具的选择；

　　6）切削用量的选择。

2.

解：1）外圆处的切削速度：

$$V = \pi dn / 1000 = \pi \times 300 \times 76 / 1000 \approx 71.6 \ (\text{m/min})$$

2）切削至中心时的切削速度为零。

3）车端面时，随着刀尖从端面外圆最大边缘纵向进给至中心，切削速度从最大逐渐变小至零。车外圆时，在同一次轴向进给时，切削速度不变。

附录　常用指令代码

附表1　华中数控车床数控系统装置 M 指令代码

指令代码	功能说明	指令代码	功能说明
M00	程序停止	M03	主轴正转
M01	选择停止	M04	主轴反转
M02	程序结束	M05	主轴停止
M30	程序结束，并返回程序起点	M07	切削液打开
M98	调用子程序	M08	切削液打开
M99	子程序结束	M09	切削液停止

附表2　华中数控车床数控系统装置 G 指令代码

指令代码	功能说明	组	后续地址
G00	快速定位	01	X, Z
G01	直线插补	01	X, Z
G02	顺时针圆弧插补	01	X, Z, I, K, R
G03	逆时针圆弧插补	01	X, Z, I, K, R
G04	暂停	00	P
G40	刀尖半径补偿取消	09	
G41	左刀补	09	T
G42	右刀补	09	T
G71	外径/内径车削复合循环	06	X, Z, U, W, C, P, Q, R, F
G73	闭环车削复合循环	06	
G75	外径切槽循环	06	X, Z, I, K, C, P, R, E
G76	螺纹车削复合循环	06	
G80	外径/内径车削固定循环	06	
G81	端面车削固定循环	06	
G82	螺纹车削固定循环	06	
G94	每分钟进给	14	
G95	每转进给	14	
G20	英寸输入	08	
G21	毫米输入	08	

注：1. 00 组中的 G 代码是非模态的，其他组的 G 代码是模态的。
　　2. 非模态 G 功能：只在所规定的程序段中有效，程序段结束时被注销。
　　3. 模态 G 功能：一组可相互注销的 G 功能，这些功能一旦被执行，则一直有效，直到被同一组的 G 功能注销为止。
　　4. 不同组 G 代码可以放在同一程序段中，而且与顺序无关。例如，G40、G95 可与 G01 放在同一程序段。

参 考 文 献

范悦，等，2002. CAXA 数控车 V2 实例教程. 北京：北京航空航天大学出版社.

高枫，肖卫宁，2005. 数控车削编程与操作训练. 北京：高等教育出版社.